上海市工程建设规范

沉井与沉箱施工技术标准

Technical standard for construction of open caisson and pneumatic caisson

DG/TJ 08—2084—2023
J 11875—2023

主编单位:上海市基础工程集团有限公司
　　　　 上海市隧道工程轨道交通设计研究院
批准部门:上海市住房和城乡建设管理委员会
施行日期:2024 年 2 月 1 日

同济大学出版社

2024　上海

图书在版编目(CIP)数据

沉井与沉箱施工技术标准 / 上海市基础工程集团有
限公司,上海市隧道工程轨道交通设计研究院主编. ——
上海:同济大学出版社,2024.3
ISBN 978-7-5765-1054-6

Ⅰ. ①沉… Ⅱ. ①上… ②上… Ⅲ. ①沉井施工—技
术标准 ②沉箱—工程施工—技术标准 Ⅳ. ①TU473.2-65

中国国家版本馆 CIP 数据核字(2024)第 024290 号

沉井与沉箱施工技术标准

上海市基础工程集团有限公司
　　　　　　　　　　　　　　　　　主编
上海市隧道工程轨道交通设计研究院

责任编辑　朱　勇
助理编辑　王映晓
责任校对　徐春莲
封面设计　陈益平

出版发行　同济大学出版社　　www.tongjipress.com.cn
　　　　　(地址:上海市四平路 1239 号　邮编:200092　电话:021-65985622)
经　　销　全国各地新华书店
印　　刷　浦江求真印务有限公司
开　　本　889mm×1194mm　1/32
印　　张　3.5
字　　数　88 000
版　　次　2024 年 3 月第 1 版
印　　次　2024 年 3 月第 1 次印刷
书　　号　ISBN 978-7-5765-1054-6
定　　价　35.00 元

上海市住房和城乡建设管理委员会文件

沪建标定〔2023〕403 号

上海市住房和城乡建设管理委员会
关于批准《沉井与沉箱施工技术标准》
为上海市工程建设规范的通知

各有关单位:

由上海市基础工程集团有限公司、上海市隧道工程轨道交通设计研究院主编的《沉井与沉箱施工技术标准》,经我委审核,现批准为上海市工程建设规范,统一编号为 DG/TJ 08—2084—2023,自 2024 年 2 月 1 日起实施,原《沉井与气压沉箱施工技术规程》DG/TJ 08—2084—2011 同时废止。

本标准由上海市住房和城乡建设管理委员会负责管理,上海市基础工程集团有限公司负责解释。

上海市住房和城乡建设管理委员会
2023 年 8 月 4 日

前　言

根据上海市住房和城乡建设管理委员会《关于印发〈2020年上海市工程建设规范、建筑标准设计编制计划〉的通知》（沪建标定〔2019〕752号）的要求，编制组经广泛调查研究，结合近年来软土地层中沉井、沉箱工程施工所积累的大量施工经验，在反复征求意见的基础上，完成了本标准的修订。

本标准涵盖了沉井与沉箱施工技术方面的主要内容，标准的修订有利于促进沉井与沉箱技术进步、提高工程质量、确保工程安全。

本标准的主要内容有：总则；术语和符号；基本规定；计算与验算；沉井与沉箱制作；沉井与沉箱的下沉与封底；质量控制与验收；环境监测；施工安全与环境保护。

本次修订主要目的是更新现有工艺，加入压入式沉井与沉箱和水域沉井与沉箱的相关内容，修订的主要内容有：

1. 增加部分

压入式沉井与沉箱和水域沉井与沉箱的下沉计算、封底混凝土验算、抗浮计算、井（箱）体的制作、压入系统的组成、压沉法下沉、钢沉井的制作与下沉、水域沉井与沉箱浮运及下沉、纠偏、质量控制与验收要求等。

2. 修改部分

本标准自2011年版发布以来，沉井与沉箱的工艺和设备不断更新换代，原有的计算与质量要求已无法满足现有的施工要求。对术语和符号、计算与验算、沉井与沉箱的制作、沉井与沉箱的施工、沉井与沉箱质量控制和验收、工程监测等章节均进行修订；并与国家、行业及上海现行相关标准协调，以确保能满足目前沉井与沉箱的施工要求。

各单位及相关人员在执行本标准过程中,如有意见和建议,请反馈至上海市住房和城乡建设管理委员会(地址:上海市大沽路 100 号;邮编:200003;E-mail:shjsbzgl@163.com),上海市基础工程集团有限公司(地址:上海市民星路 231 号;邮编:200433;E-mail:digua1984@126.com),上海市建筑建材业市场管理总站(地址:上海市小木桥路 683 号;邮编:200032;E-mail:shgcbz@163.com),以供今后修订时参考。

主 编 单 位: 上海市基础工程集团有限公司

上海市隧道工程轨道交通设计研究院

参 编 单 位: 上海交通大学

上海建工集团股份有限公司

上海市机械施工集团有限公司

上海城建市政工程(集团)有限公司

上海公路桥梁(集团)有限公司

上海市水务建设工程安全质量监督中心站

上海建工四建集团有限公司

上海市城市排水有限公司

上海公路投资建设发展有限公司

上海城投兴港投资建设有限公司

上海外高桥集团股份有限公司

上海天复检测技术股份有限公司

上海智平基础工程有限公司

上海建工七建集团有限公司

上海建工五建集团有限公司

主要起草人: 李耀良　杨志豪　陈锦剑　王理想　裘水根

严国仙　张海锋　陈柳娟　苏　宇　刘桂荣

杨光辉　李明广　黄金明　马华明　张　涛

黄江川　王建军　李伟强　江　洪　高　博

　方　卫　　陈晓晨　　姜小强　　赵国强　　李申杰
　李煜峰　　刘　涛　　周锡芳　　张　勇　　史富丽
　侯剑锋　　石盛玉　　甄　亮　　吴华柒　　赵　培
　方思倩　　金少悫　　林　巧　　韩举宇　　孙梦洋
主要审查人：应惠清　　周质炎　　葛金科　　梁志荣　　沈庞勇
　张中杰　　秦夏强

上海市建筑建材业市场管理总站

目　次

Contents

1 总　则

1.0.1　为使上海地区沉井与沉箱施工符合安全适用、技术先进、经济合理、保证质量和保护环境要求,制定本标准。

1.0.2　本标准适用于本市建设工程的建筑、市政、公路、电力、港口和水利行业中的沉井与沉箱工程,其他行业的沉井与沉箱施工在条件适用时,也可参照执行。

1.0.3　沉井与沉箱的施工应综合考虑周边环境条件、工程地质和水文地质条件、工程特性、施工条件和工程造价等因素。

1.0.4　沉井与沉箱的施工、质量控制与验收除应符合本标准的规定外,尚应符合国家、行业和本市现行有关标准的规定。

2 术语和符号

2.1 术 语

2.1.1 沉井 open caisson

在地面上制作混凝土或钢结构井体,通过井内取土并选择减阻、配重、压沉等方式,在重力与助沉力的作用下使之下沉到地下预定深度的地下结构。

2.1.2 沉箱 pneumatic caisson

在地面上制作混凝土或钢结构井体和底板,刃脚和底板形成密闭空腔,在密闭空腔内加气平衡水土压力,通过密闭空腔内取土并选择减阻、配重、压沉等方式,在重力与助沉力的作用下使之下沉到地下预定深度的地下结构。

2.1.3 刃脚 cutting edge

井(箱)壁最下端用于支承沉井与沉箱重量,切土下沉的同时起到挡土作用的刃状结构。

2.1.4 压入式沉井与沉箱 pressed-in open (pneumatic) caisson

利用压重或地锚反力装置将井(箱)体压至地下预定深度的地下结构。

2.1.5 压入系统 press-in system

对沉井与沉箱施加向下压力,将其压入土体中并有效控制其下沉姿态,使其受力均匀、平稳的装置系统。

2.1.6 浮运沉井 floating open caisson

把沉井部分或全部的井壁做成箱型结构,使其漂浮在水中,并将其拖运到指定位置的沉井。

2.1.7 浮运沉箱 floating pneumatic caisson

把制作好的箱体浮运到指定位置的沉箱。

2.1.8　工作坑　working pit

沉井与沉箱在首节制作前施工垫层时开挖的基坑。

2.1.9　工作室　working chamber

沉箱下部加气平衡水土压力和取土作业的工作空间。

2.1.10　排水下沉法　sinking under drained condition

沉井下沉过程中,排除井内水体进行取土的下沉方法。

2.1.11　不排水下沉法　sinking under undrained condition

沉井下沉过程中,控制井内水位保持井内水土稳定,并进行水下取土的下沉方法。

2.1.12　气压浮托力　compressed-air uplift pressure

沉箱所受工作室气压作用的均布向上的气体压力。

2.1.13　接高施工　jointing construction

沉井与沉箱分段制作与下沉时,上一节段下沉到位后进行下一节段的制作施工过程。

2.1.14　下沉系数　subsidence factor

沉井与沉箱下沉时向下作用力与阻力的比值。

2.1.15　接高稳定性　high stability

井(箱)体一次下沉多次接高,或者多次下沉多次接高时保持不发生倾覆或沉陷的稳固状态。

2.1.16　反力系统　reaction system

压入式沉井与沉箱中能承受压沉反力的装置系统,为压入系统重要组成部分。

2.1.17　锅底　bottom of caisson

开挖沉井与沉箱底部土体,使其形成类似锅状凹陷的工作面。

2.2　符　号

2.2.1　作用及作用效应

E_{ak}——沉井后侧主动土压力标准值之和；

E_{pk}——沉井前侧被动土压力标准值之和；

f_d——天然地基承载力设计值；

f_{bk}——沉井刃脚、隔墙和底梁下地基土的极限承载力标准值；

f_{ski}——第 i 层土的单位极限摩阻力标准值；

f_{si}——桩周第 i 层土的极限摩阻力标准值；

f_t——混凝土抗拉强度设计值；

F_p——外部所需施加的最大压沉力；

F_{max}——抗拔系统能提供的极限抗拔承载力；

$F_{fw,k}$——沉井与沉箱下沉过程中地下水的浮力标准值；

F_{ak}——沉箱内气压对顶板的浮托力标准值；

F_{bk}——沉井底面有效摩阻力标准值之和；

$F'_{fw,k}$——基底地下水的浮力标准值；

G_0——沉井与沉箱第一节沿井壁单位长度自重设计值；

G_{kc}——接高后的井（箱）体自重标准值；

G_{1k}——沉井与沉箱自重标准值（包括外加助沉重量的标准值）；

M——每米宽度最大弯矩的设计值；

$M_{外}$——外力矩；

$\sum M_{aov,k}$——沉井抗倾覆弯矩标准值之和；

$\sum M_{ov,k}$——沉井倾覆弯矩标准值之和；

p——基础底面处平均压力设计值；

R——砂垫层的承载力设计值；

R_b——沉井与沉箱刃脚、隔墙和底梁下地基土的极限承载力之和；

R_k——单桩极限抗拔承载力标准值；

T_f——井（箱）壁外侧与土的总极限摩阻力标准值；

W_i——第 i 条土条的自重标准值；

γ_s——砂的天然容重；

γ_c——混凝土的重度；

γ_w——水的重度。

2.2.2 几何参数

A_{b1}——沉井与沉箱刃脚的横截面面积；

A_{b2}——沉井与沉箱隔墙的横截面面积；

A_{b3}——沉井与沉箱底梁的横截面面积；

b——刃脚宽度；

b_1——素混凝土垫层外挑宽度；

b_2——计算宽度；

b_w——护道宽度；

B——砂垫层的底面宽度；

B_2——设计沉井与沉箱的宽度；

c——土体黏聚力；

d——导管内径；

D_1——设计沉井与沉箱的直径；

h——素混凝土垫层的厚度；

h_1——导管内混凝土柱与管外泥浆柱平衡所需高度；

h_2——初灌混凝土下灌后导管外混凝土扩散高度；

h_3——水位面至基底的深度；

h_s——砂垫层的厚度；

h_u——附加厚度；

h_t——沉井水下封底混凝土厚度；

H_1——下沉深度；

H_2——设计沉井与沉箱井壁、隔墙的高度；

H_3——下沉总深度；

H_z——筑岛总高度；

H_i——第 i 层土的厚度；

I——浮运沉井或浮运沉箱浸水截面面积对斜轴线的惯性矩；

ϕ——浮运沉井与浮运沉箱浮运阶段的倾斜角；

ϕ_j——筑岛土饱和状态内摩擦角；

l——沉井与沉箱重心至浮心的距离；

l_i——桩周第 i 层土的厚度；

$l_i{}'$——第 i 条土条处沿滑弧面的弧长；

L——混凝土垫层的宽度；

L_1——矩形沉井任意两角的距离或圆形沉井任意两条互相垂直的直径；

L_2——设计沉井与沉箱的长度；

r——扩散半径；

U_i——第 i 层土中井（箱）壁外围周长；

U_p——桩身截面周长；

V——混凝土初灌量；

V_w——排水体积；

α_i——第 i 条滑弧中点的切线和水平线的夹角；

α_s——砂垫层的压力扩散角；

ρ——定倾半径；

φ——土体内摩擦角；

φ'——土体有效内摩擦角。

2.2.3　计算系数

f——沉井底面有效摩擦系数；

k——充盈系数；

k_c——接高稳定性系数；

k_{fw}——沉井与沉箱抗浮稳定安全系数；

k_{ov}——沉井抗倾覆稳定安全系数；

k_s——沉井抗滑移稳定安全系数；

F_s——整体稳定性安全系数；

K_p——压沉安全系数;

K_{st}——下沉系数;

η——被动土压力利用系数;

λ_i——桩周第 i 层土的抗拔承载力系数。

3 基本规定

3.0.1 沉井适用于其影响范围内无重要建（构）筑物及地下管线等的环境条件。周边环境保护要求高时宜采用压入式沉井、沉箱。

3.0.2 沉井与沉箱施工前应进行勘察，勘探孔的布置和深度应符合下列规定：

    1 面积不大于 200 m² 的沉井与沉箱，不应少于 2 个勘探孔。

    2 面积为 200 m²～900 m² 的沉井与沉箱，平面形状为矩形时，在井壁的四个角点应各布置 1 个勘探孔；平面形状为圆形时，在两条相互垂直的直径与井壁的交点应各布置 1 个勘探孔。

    3 面积大于 900 m² 的沉井或沉箱的中心应增设勘探孔，勘探孔间距宜为 20 m～30 m。

    4 勘探孔深度应为沉井或沉箱的深度加 0.5 倍～1.0 倍边长或直径，且不应小于刃脚以下 5.0 m。

    5 勘探孔宜以取土孔、静力触探孔为主，静力触探孔宜占勘探孔总数的 1/2。

3.0.3 沉井与沉箱施工前应对垫层厚度、下沉系数、接高稳定性、封底混凝土厚度和抗浮等进行计算与验算，计算与验算时所取的作用力均采用标准值。

3.0.4 沉井与沉箱工程施工前，应具备下列资料：

    1 设计施工图。

    2 施工区域内的气象和水文资料。

    3 岩土工程勘察报告。

    4 拟建工程施工影响范围内的建（构）筑物、管线和障碍物等调查资料。

5 测量基线和水准点资料。

6 施工组织设计及施工方案。

7 防洪、防汛、防台的有关规定。

3.0.5 沉井与沉箱施工前应核对设计施工图技术要求,实行自审、会审和交底制度。

3.0.6 水域沉井与沉箱施工前除应符合本标准第3.0.4条的规定外,尚应符合下列规定:

1 查明河道淤泥层厚度、通水断面尺寸以及通航条件等。

2 搜集工程河段水文资料、洪水特性、各频率流量及洪量、水位流量关系以及上下游水利工程对本工程的影响情况。

3.0.7 原材料进场应具有产品合格证、出厂试验报告。进场后应按国家有关规定进行材料验收和抽检,质量检验合格后方可使用。

3.0.8 沉井和沉箱工程应由具有相应施工资质及专业施工经验的单位承担,宜采用机械化、信息化、智能化的施工作业方法。施工人员处于井(箱)体下、水下、气压等特殊环境作业时,必须符合卫生安全与职业健康的有关规定。

3.0.9 沉井和沉箱的制作场地应预先清理、平整和夯实,遇有暗浜、暗沟、旧河道等不良地质应进行地基处理。

3.0.10 沉井与沉箱制作时落地脚手架应与模板体系分离。

3.0.11 沉井与沉箱的下沉应勤测勤纠,接近设计标高时应控制下沉速度,稳定后方可进行封底。

3.0.12 沉井与沉箱在施工前、施工中及施工后,应对其自身以及邻近的周边建(构)筑物、地下管线等进行监测。

3.0.13 沉井与沉箱质量应分阶段进行验收,上一工序验收合格后,方可进行下一工序施工。

4 计算与验算

4.1 一般规定

4.1.1 沉井与沉箱需进行多种下沉开挖工况的下沉系数以及接高稳定性验算,以确定接高制作节数、制作高度、下沉次数以及封底方式等。

4.1.2 沉箱计算应符合下列规定:

    1 下沉阻力计算应包括箱壁侧摩阻力、刃脚反力和气压浮托力。

    2 工作室顶板的计算荷载应根据不同工况确定,应取配重、自重、地基反力、水浮力和气压浮托力的最不利组合,且不应计入封底混凝土的作用。

4.1.3 现浇钢筋混凝土沉井与沉箱在分节制作时,每节井壁或箱壁上端水平钢筋均应加强。第一节段沉井与沉箱下沉时其混凝土强度不应小于设计强度。

4.1.4 沉井与沉箱第一节制作时刃脚和底梁下的压力标准值应小于地基承载力设计值,以后各节刃脚和底梁下的压力标准值应满足地基极限承载力标准值的要求。沉井与沉箱地基承载力及软弱下卧层验算应按现行上海市工程建设规范《地基基础设计标准》DGJ 08—11 的规定执行。

4.1.5 钢沉井应对井身强度、刚度及稳定性进行验算。

4.2 混凝土垫层及砂垫层

4.2.1 砂垫层的厚度(图 4.2.1)应根据沉井与沉箱的重量和地基土的承载力按公式(4.2.1)计算确定,且不宜小于 600 mm。

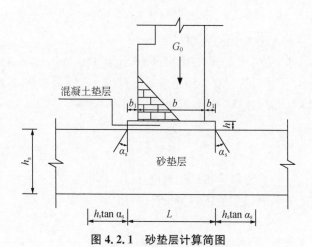

图 4.2.1　砂垫层计算简图

$$p = \frac{G_0}{2h_s \tan \alpha_s + L} + \gamma_s h_s \qquad (4.2.1\text{-}1)$$

$$p \leqslant f_d \qquad (4.2.1\text{-}2)$$

式中：p ——基础底面处平均压力设计值(kPa)；

　h_s ——砂垫层的厚度(m)；

　G_0 ——沉井与沉箱第一节沿井壁单位长度自重设计值 (kN/m)，自重作用的分项系数取 1.0；

　γ_s ——砂的天然容重(kN/m³)；

　α_s ——砂垫层的压力扩散角(°)；

　b ——刃脚宽度(m)；

　b_1 ——素混凝土垫层外挑宽度(m)，可取 $2h \geqslant b_1 \geqslant h$（$h$ 为素混凝土垫层厚度）；

　L ——素混凝土垫层的宽度(m)，$L = b + 2b_1$；

　f_d ——天然地基承载力设计值(kPa)。

4.2.2　砂垫层的宽度宜根据素混凝土垫层边缘向下按砂垫层的压力扩散角 α_s 确定，即按公式(4.2.2)计算确定：

$$B \geqslant 2h_s \tan \alpha_s + L \quad (4.2.2)$$

式中：B ——砂垫层的底面宽度(m)。

4.2.3 素混凝土垫层的厚度不应小于 150 mm，且不宜大于 250 mm，混凝土的强度等级不应小于 C20。素混凝土垫层厚度可按公式(4.2.3)计算：

$$h = \left(\frac{G_0}{R} - b\right)/2 \quad (4.2.3)$$

式中：h ——素混凝土垫层的厚度(m)；

R ——砂垫层的承载力设计值(kPa)，宜取 100 kPa。

4.3 摩阻力

4.3.1 沉井与沉箱壁外侧与土层间的摩阻力及其沿井(箱)壁高度的分布图形应根据工程地质条件、井壁外形和施工方法等，通过试验或工程类比的经验资料确定。当无试验条件或无可靠资料时，可按下列规定确定：

1 井壁外侧与土层间的单位面积极限摩阻力标准值 f_{sk} 可按表 4.3.1 的规定选用。

表 4.3.1 井壁外侧单位面积极限摩阻力标准值 f_{sk}

土层类别	f_{sk}(kPa)	助沉方法	f_{sk}(kPa)
流塑状态黏性土	10~15	泥浆套	3~5
可塑、软塑状态黏性土	12~25	空气幕	2~5
硬塑状态黏性土	25~50	—	—
砂性土	12~25	—	—

2 摩阻力沿沉井与沉箱井壁外侧的分布，当井壁外侧为直壁时，可按图 4.3.1(a)采用；当井壁外侧为阶梯形时，可按图 4.3.1(b)采用。

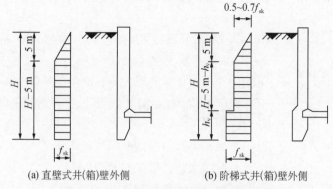

(a) 直壁式井(箱)壁外侧   (b) 阶梯式井(箱)壁外侧

图 4.3.1　摩阻力沿井(箱)壁外侧分布图

4.3.2　沉井与沉箱壁外侧与土的总极限摩阻力标准值按公式(4.3.2)计算：

$$T_f = \sum U_i f_{ski} H_i \qquad (4.3.2)$$

式中：T_f ——井(箱)壁外侧与土的总极限摩阻力标准值(kN)；

　　　U_i ——第 i 层土中井(箱)壁外围周长(m)；

　　　f_{ski} ——第 i 层土的单位极限摩阻力标准值(kPa)；

　　　H_i ——第 i 层土的厚度(m)。

4.4　下沉计算

4.4.1　沉井与沉箱下沉系数可按下列公式进行计算：

$$K_{st} = \frac{G_{1k} - F_{fw,k} - F_{ak}}{T_f + R_b} \qquad (4.4.1-1)$$

$$R_b = (A_{b1} + A_{b2} + A_{b3}) f_{bk} \qquad (4.4.1-2)$$

式中：K_{st} ——下沉系数，宜取 1.05～1.25；

G_{1k}——沉井与沉箱自重标准值(包括外加助沉重量的标准值)(kN);

$F_{fw,k}$——沉井与沉箱下沉过程中地下水的浮力标准值(kN),采取排水下沉时取 0;

F_{ak}——沉箱内气压对顶板的浮托力标准值(kN);

R_b——沉井与沉箱刃脚、隔墙和底梁下地基土的极限承载力之和(kN);

A_{b1}——沉井与沉箱刃脚的横截面面积(m^2);

A_{b2}——沉井与沉箱隔墙的横截面面积(m^2);

A_{b3}——沉井与沉箱底梁的横截面面积(m^2);

f_{bk}——沉井与沉箱刃脚、隔墙和底梁下地基土的极限承载力标准值(kPa),当无极限承载力试验资料时,可按表4.4.1选用。

表 4.4.1 地基土极限承载力标准值

土的种类	极限承载力标准值(kPa)	土的种类	极限承载力标准值(kPa)
淤泥	100～200	软塑、可塑状态粉质黏土	200～300
流塑状态淤泥质黏性土	200～300	坚硬、硬塑状态粉质黏土	300～400
松散、稍密状态粉性土、粉砂	200～400	软塑、可塑状态黏性土	200～400
中密、密实状态粉性土、粉砂	300～500	坚硬、硬塑状态黏性土	300～500

注:或可取土层承载力设计值的 2 倍。

4.4.2 当沉井与沉箱下沉时,应按公式(4.4.2)进行接高稳定性验算:

$$k_c = \frac{G_{kc} - F_{fw,k} - F_{ak}}{T_f + R_b} \qquad (4.4.2)$$

式中:k_c——接高稳定性系数,取值小于 1.0;

G_{kc}——接高后的井(箱)体自重标准值(kN)。

4.5　压入式沉井与沉箱

4.5.1　压入式沉井与沉箱的压入系统应进行专项设计和计算，包含抗拔系统、反力系统和顶进系统。

4.5.2　压入式沉井与沉箱的侧摩阻力宜按本标准第4.3.2条规定进行计算。

4.5.3　压入式沉井与沉箱下沉系数，应按照下列公式进行计算：

$$K_{st} = \frac{F_p + G_{1k} - F_{fw,k} - F_{ak}}{T_f + R_b} \qquad (4.5.3\text{-}1)$$

$$K_P F_P \leqslant F_{max} \qquad (4.5.3\text{-}2)$$

式中：K_{st} ——下沉系数，不小于1.05；

　　　K_P ——压沉安全系数，取1.2；

　　　F_p ——外部所需施加的最大压沉力(kN)；

　　　F_{max} ——抗拔系统能提供的极限抗拔承载力(kN)，按本标准第4.5.4条计算。

4.5.4　压入式沉井与沉箱抗拔系统可采用抗拔桩、配重台等单一或组合的方式，其计算应符合下列规定：

　　1　压入式沉井与沉箱抗拔系统应对称、均匀布置。抗拔系统应避免受沉井与沉箱压沉时的扰动影响；如无法避免，则应考虑抗拔系统所能提供的极限抗拔承载力的折减影响。

　　2　采用钻孔灌注桩作为抗拔系统时，其提供的极限抗拔承载力宜取单桩极限抗拔承载力之和，单桩极限抗拔承载力可按公式(4.5.4)估算。

$$R_k = U_p \sum \lambda_i f_{si} l_i \qquad (4.5.4)$$

式中：R_k ——单桩极限抗拔承载力标准值(kN)；

U_p ——桩身截面周长(m);

f_{si} ——桩周第 i 层土的极限摩阻力标准值(kPa),可按岩土工程勘察报告或现行上海市工程建设规范《地基基础设计标准》DGJ 08—11 取值;

l_i ——桩周第 i 层土的厚度(m);

λ_i ——桩周第 i 层土的抗拔承载力系数,按现行上海市工程建设规范《地基基础设计标准》DGJ 08—11 取值。

3 采用环梁与配重结合的方式作为抗拔系统时,极限抗拔承载力应为配重物与环梁结构的自重之和,地下水位以下应减去浮力。

4.5.5 压入式沉井与沉箱反力系统可采用正顶反力系统或反顶反力系统形式,其计算应符合下列规定:

1 压入式沉井与沉箱反力系统应对称、均匀布置。

2 采用正顶反力系统压沉时,应对刚性反力架进行强度与稳定验算。

3 采用反顶反力系统压沉时,应对钢杆件或者钢绞线进行专项设计。

4.5.6 压入式沉井与沉箱顶进系统应根据所需最大压沉力进行设计。

4.5.7 压入式沉井可通过控制井内土塞高度来减小下沉引起的环境变形。

4.6　水域沉井与沉箱

4.6.1 浮运沉井或浮运沉箱沉入河床前应进行浮运稳定性验算。浮运阶段的稳定倾斜角 ϕ 应按下列公式计算:

$$\phi = \arctan \frac{M_{外}}{\gamma_w V_w (\rho - l)} \qquad (4.6.1\text{-}1)$$

$$\rho = \frac{I}{V_w} \quad\quad (4.6.1\text{-}2)$$

$$\rho - l > 0 \quad\quad (4.6.1\text{-}3)$$

式中：ϕ ——浮运沉井与浮运沉箱浮运阶段的倾斜角(°)，应不大
于 6°；

$M_{外}$ ——外力矩(kN·m)；

V_w ——排水体积(m³)；

l ——沉井与沉箱重心至浮心的距离(m)，重心在浮心之上
为正，反之为负；

ρ ——定倾半径(图 4.6.1)，即定倾中心至浮心的距离(m)；

I ——浮运沉井或浮运沉箱浸水截面面积对斜轴线的惯性
矩(m⁴)；

γ_w ——水的重度(kN/m³)。

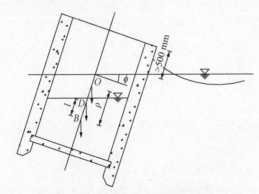

D—重心；B—浮心；O—定倾中心

图 4.6.1 水中浮运沉井与沉箱

4.6.2 浮运沉箱下水前混凝土强度应符合设计要求。根据施工
情况复核沉箱的浮运稳定性，不符合要求时应采取适当措施。

4.6.3 位于江(河、湖、水库、海)岸的沉井与沉箱，前后两面水平作
用不均衡时，应按下列要求验算沉井的滑移、倾覆(图 4.6.3-1)和整

体稳定性(图 4.6.3-2):

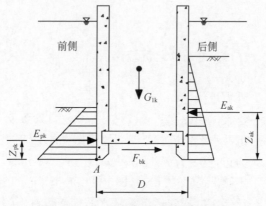

图 4.6.3-1　抗滑移、抗倾覆计算简图

1　抗滑移验算按下列公式进行:

$$k_s = \frac{\eta E_{pk} + F_{bk}}{E_{ak}} \qquad (4.6.3\text{-}1)$$

$$F_{bk} = f \times G_{1k} \qquad (4.6.3\text{-}2)$$

$$f = 0.5 \times \tan \varphi' \qquad (4.6.3\text{-}3)$$

式中:k_s ——沉井抗滑移稳定安全系数,不小于 1.30;

　　η ——被动土压力利用系数,施工阶段取 0.80,使用阶段
　　　　　取 0.65;

　　E_{ak} ——沉井后侧主动土压力标准值之和(kN);

　　E_{pk} ——沉井前侧被动土压力标准值之和(kN);

　　F_{bk} ——沉井底面有效摩阻力标准值之和(kN);

　　f ——沉井底面有效摩擦系数;

　　G_{1k} ——沉井与沉箱自重标准值(包括外加助沉重量的标准
　　　　　值)(kN);

　　φ' ——土体有效内摩擦角,取沉井底部土体的有效内摩擦
　　　　　角(°)。

2 抗倾覆验算按以下公式进行：

$$k_{ov} = \frac{\sum M_{aov,k}}{\sum M_{ov,k}} \qquad (4.6.3\text{-}4)$$

式中：k_{ov} ——沉井抗倾覆稳定安全系数，不小于 1.50；

$\sum M_{aov,k}$ ——沉井抗倾覆弯矩标准值之和（kN·m）；

$\sum M_{ov,k}$ ——沉井倾覆弯矩标准值之和（kN·m）。

3 整体稳定性验算按以下公式进行：

$$F_s = \frac{\sum (cl_i' + W_i \cos \alpha_i \tan \varphi)}{\sum W_i \sin \alpha_i} \qquad (4.6.3\text{-}5)$$

式中：F_s ——整体稳定性安全系数，不小于 1.25；

l_i' ——第 i 条土条处沿滑弧面的弧长（m）；

W_i ——第 i 条土条的自重标准值（kN）；

α_i ——第 i 条滑弧中点的切线和水平线的夹角（°）；

c ——土体黏聚力（kPa）；

φ ——土体内摩擦角（°）。

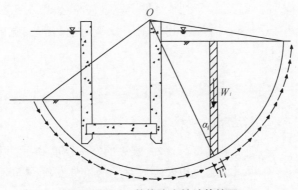

图 4.6.3-2 整体稳定性计算简图

4.6.4 浮运沉箱水上运输可采用浮运拖带法、半潜驳或浮船坞干运法,并应对下潜装载、船运和下潜卸载的作业阶段进行下列验算:

1 半潜驳或浮船坞的吃水、稳定性、总体强度、甲板强度和局部承载力。

2 在风、浪、流作用下的船舶运动响应和浮运沉箱自身的强度、稳定性等。

4.6.5 沉箱采用浮运拖带法水上运输时,拖带前应对浮运沉箱进行吃水、压载和浮游等稳定性验算,且应符合下列规定:

1 验算浮运沉箱吃水时,应计入浮运沉箱内实际的残余水和混凝土残屑的重量、施工操作平台和封舱盖的重量。

2 验算吃水、干舷高度和稳定性时,应分别对空载和不同拖带工艺下的稳定性进行计算。

3 浮运沉箱压载宜用砂、石、混凝土块等固体物。用水压载时,应计算自由水面晃动对稳定性的影响。

4.6.6 水深小于 5.0 m 的浅水地段宜采用现场人工筑岛法进行沉井与沉箱制作与施工。岛面标高高出施工期最高水位不应小于 0.5 m,下沉结构边线外侧应留设护道;无围堰时四周护道宽度不应小于 2.0 m,有围堰时护道宽度应按公式(4.6.6)计算且不应小于 1.5 m;需设置其他施工设施时应另行加宽或按设计要求执行。

$$b_w \geqslant H_z \tan\left(45° - \frac{\phi_j}{2}\right) \qquad (4.6.6)$$

式中:b_w——护道宽度(m);

H_z——筑岛总高度(m),由筑岛的实际高度和沉井下沉前的最大自重以及堆放井上的机具设备、人员等最危险的荷重计算的等效高度组成;

ϕ_j——筑岛土饱和状态内摩擦角(°)。

4.7 封底混凝土

4.7.1 沉井与沉箱的干封底应符合设计要求,宜采用块石和素混凝土进行封底。

4.7.2 水下封底混凝土的厚度应根据基底的向上净反力计算确定。水下封底混凝土的厚度应按公式(4.7.2)计算:

$$h_t = \sqrt{\frac{5.72M}{b_2 f_t}} + h_u \qquad (4.7.2)$$

式中:h_t——沉井水下封底混凝土厚度(mm);

　　　M——每米宽度最大弯矩的设计值(N·mm);

　　　b_2——计算宽度(mm),取 1 000 mm;

　　　f_t——混凝土抗拉强度设计值(N/mm²);

　　　h_u——附加厚度(mm),可取 300 mm~500 mm。

4.7.3 沉井采用导管法进行水下混凝土封底时,导管的布置应符合下列规定:

1 导管扩散半径不宜大于 4.0 m。

2 导管的有效扩散半径应互相搭接并能覆盖井底全部范围。

3 导管的插入深度不宜小于 1.0 m。

4 浇筑时导管下口距离基底面宜为 300 mm~400 mm。

5 水下封底混凝土初灌量(图 4.7.3)应按下列公式计算:

$$V \geqslant \frac{\pi d^2 h_1}{4} + \frac{k \pi r^2 h_2}{3} \qquad (4.7.3-1)$$

$$h_1 = \frac{(h_3 - h_2)\gamma_w}{\gamma_c} \qquad (4.7.3-2)$$

式中:V——混凝土初灌量(m³);

　　　h_1——导管内混凝土柱与管外泥浆柱平衡所需高度(m);

h_2 —— 初灌混凝土下灌后导管外混凝土扩散高度(m),取
        $1.3 \text{ m} \sim 1.4 \text{ m}$;

h_3 —— 水位面至基底的深度(m);

d —— 导管内径(m);

r —— 扩散半径(m);

k —— 充盈系数,宜取1.3;

γ_c —— 混凝土的重度,取 25 kN/m^3;

γ_w —— 水的重度,取 10 kN/m^3。

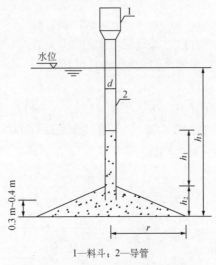

1—料斗;2—导管

图 4.7.3 混凝土初灌量计算示意

4.8 抗浮计算

4.8.1 沉井与沉箱封底后,底板未施工前,应按其最高水位进行抗浮验算,并应满足公式(4.8.1)的要求:

$$k_{fw} = \frac{G_{1k}}{F'_{fw,k}} \qquad (4.8.1)$$

式中：k_{fw} ——沉井与沉箱抗浮稳定安全系数，应大于 1.0；

G_{1k} ——沉井与沉箱自重标准值（包括外加助沉重量的标准值）(kN)；

$F'_{fw,k}$ ——基底地下水的浮力标准值(kN)。

4.8.2 当封底混凝土与底板间有拉结钢筋连接时，封底混凝土的自重可作为沉井抗浮重量的一部分，且沉井(箱)抗浮稳定安全系数 k_{fw} 应大于 1.05。

5 沉井与沉箱制作

5.1 一般规定

5.1.1 沉井与沉箱制作前应编制制作方案。方案应包括工作坑及垫层设计与施工、模板支架设计与安装、钢筋安装、混凝土浇筑及施工缝处理、分节制作、拆模等技术要求。

5.1.2 沉井与沉箱施工前应设置测量控制网来进行定位放线、布置水准基点等工作。

5.1.3 场地四周宜设置排水沟,深度宜为 300 mm～500 mm,宽度宜为 400 mm～600 mm,每间隔 20 m～30 m 或转角处宜设集水井。

5.1.4 沉井与沉箱制作时应符合下列规定:

    1 分节制作的各节高度不宜大于沉井与沉箱的直径或短边长度。

    2 对现浇的沉井与沉箱,首节制作高度应不大于 6 m,其余节制作高度宜为 6 m～8 m,立模应与浇筑高度一致,确保浇捣密实。

5.1.5 分节制作的钢筋混凝土沉井与沉箱,下沉前应确保首节的混凝土达到设计强度,其余各节的混凝土不得小于设计强度的 70%。采用预制的沉井和沉箱,下沉前应确保混凝土强度达到设计强度。

5.1.6 井(箱)体混凝土浇筑完成后应及时养护,侧模板待混凝土强度达到 70%,且保证表面和棱角不受损伤时方可拆除。

5.1.7 采用悬挑式内脚手架时,脚手支撑架应与井壁焊接牢固。

5.1.8 沉井或沉箱采用预制拼装结构时,应进行专项设计。

5.1.9 预制拼装的沉井与沉箱制作时应符合下列规定:

1 采用预制的沉井和沉箱,预制件的连接与受力应满足设计要求。

2 预制沉井和沉箱的接缝和连接处应设置止水措施,可采用一道或多道止水结构和措施。

3 预制构件的分块应满足构件的吊装与运输要求。

5.1.10 井(箱)体制作完成后,应对沉井或沉箱的制作质量进行检查验收。

5.2 垫层施工

5.2.1 工作坑施工应符合下列规定:

1 工作坑应依据现行上海市工程建设规范《基坑工程技术标准》DG/TJ 08—61进行边坡稳定性计算。

2 工作坑底部的平面尺寸应根据开挖形式、放坡坡度、支模、搭设脚手架及排水等因素确定。

3 工作坑开挖的深度应根据工程地质、水文地质、现场施工条件等因素确定。

4 工作坑应设置盲沟和集水井,集水井的深度宜低于基底500 mm,严禁垫层浸泡在水中。

5.2.2 沉井首节外墙刃脚下应设混凝土垫层,隔墙、横梁宜设砂垫层,不宜设素混凝土垫层。

5.2.3 砂垫层施工应符合下列规定:

1 砂垫层应采用颗粒级配良好的中砂、粗砂或最大粒径不超过 40 mm 的砂砾石。

2 沉井砂垫层布置宜采用满堂铺筑形式,平面尺寸较大时可采用环井壁铺筑形式;沉箱砂垫层应采用满堂铺筑形式。

3 砂垫层宜分层铺设、压实,每层厚度不应大于 300 mm。压实系数应符合首节沉井制作对地基承载力的要求,且不应小于 0.93。压实系数可采用贯入仪等方法测定,可按现行国家标准

《土工试验方法标准》GB/T 50123 执行。

5.2.4 素混凝土垫层施工前,应检查砂垫层的压实系数和平整度,符合要求后方可浇筑混凝土垫层。

5.2.5 素混凝土垫层施工应符合下列规定:

1 素混凝土浇筑应按其厚度一次铺筑到位,自一端向另一端推进,当工作量大时可分段同时施工。

2 素混凝土垫层宜采用环井壁铺筑形式,平面尺寸较小时,可采用满堂铺筑形式。

5.3 沉井制作

5.3.1 沉井模板施工应符合下列规定:

1 模板与支架应具有足够的承载力、刚度,并保证其整体稳定性;模板表面应平整光滑,缝隙不应漏浆。

2 接高施工时模板应高出地面一定高度,该高度可为接高时引起的下沉量加上 500 mm。

3 模板的设计、安装及预埋件和预留孔洞设置偏差,应符合现行国家标准《混凝土结构工程施工质量验收规范》GB 50204 的有关规定。

5.3.2 沉井刃脚施工时应符合下列规定:

1 刃脚内侧设置的凹槽,当无设计要求时,其深度宜为150 mm～200 mm,且应在下沉之前进行凿毛处理。

2 应在刃脚混凝土达到设计强度后再进行后续施工。

3 钢筋混凝土底板施工时,与其连接的刃脚内侧凹槽部位表面应清理干净,无渗漏水现象。

5.3.3 沉井接高施工时应符合下列规定:

1 井壁与后浇混凝上隔墙的连接处,宜在井壁上加设腋角,并预留连接凹槽和连接钢筋;预留连接凹槽的深度不宜小于 100 mm,连接钢筋的直径和间距应与隔墙内水平钢筋的布置一致。

2 接高前应先进行沉井的纠偏。

3 接高水平施工缝宜作成凸型;接高前施工缝处的混凝土应凿毛,清洗干净,并充分润湿;在浇筑上层混凝土前用不低于混凝土设计强度等级的水泥砂浆进行接浆处理。

5.3.4 沉井的钢筋连接宜采用焊接或机械连接,钢筋的搭接长度应符合现行国家标准《混凝土结构设计规范》GB 50010 的有关规定。

5.3.5 混凝土浇筑采用分层平铺时,每层混凝土的浇筑厚度宜为 300 mm～500 mm。

5.3.6 水平施工缝应留置在底板凹槽、凸榫或沟、洞底面以下200 mm～300 mm。沉井井壁及框架不宜设置竖向施工缝。

5.3.7 钢沉井的制作应符合下列规定:

1 钢沉井宜在工厂内加工,并应根据设计文件编制制造工艺,绘制加工图和拼装图。

2 钢沉井的分节、分块吊装单元应在胎架上组装、施焊。胎架表面的高差不应大于 4 mm,并应有足够的承载能力,在拼装过程中不均匀沉降差不应大于沉井制作允许偏差要求。

3 钢沉井刃脚位置、节段上下端位置、顶部位置需采取加强措施。

4 钢沉井的制作应符合现行国家标准《钢结构工程施工规范》GB 50755 和现行行业标准《公路桥涵施工技术规范》JTG/T 3650 的有关规定。

5.4 沉箱制作

5.4.1 沉箱的制作应符合本标准第 5.3 节的相关规定。

5.4.2 沉箱刃脚应与工作室顶板、箱壁整体浇筑,并保证工作室内的气密性。

5.4.3 沉箱工作室顶板制作时应符合下列规定:

1 预埋件应预先放置到位,定位准确。

2 浇筑时应预留人孔、物料孔及供气、照明、封底混凝土浇筑、注浆等管路。

3 预留孔洞的大小应满足挖土设备、水平运输设备及出土设备进入工作室内安装的要求。

4 顶板的底模下不得留有空隙。

5.4.4 工作室顶板以上箱壁制作时,内脚手架可在顶板上搭设,顶板的混凝土强度不宜小于设计强度的 75%。

5.4.5 沉箱接高时应维持工作室内气压的稳定,且不应设置竖向施工缝。

5.4.6 沉箱穿管和开洞处应有可靠的防止漏水和漏气的措施,并应进行结构加固。

5.5 压入式沉井与沉箱压入系统

5.5.1 抗拔系统采用抗拔桩时,其施工应符合现行上海市工程建设规范《钻孔灌注桩施工标准》DG/TJ 08—202 的有关规定,并应符合下列规定:

1 抗拔桩与沉井或沉箱外壁的净距不宜小于 1.2 m,且不得影响后续施工。

2 单独设置抗拔钻孔灌注桩作为抗拔系统时,其桩身主筋应通长配置。

3 桩顶宜设置专用锚具与反力系统相连。

5.5.2 抗拔系统采用配重台时,其制作应符合下列规定:

1 配重台为钢筋混凝土结构,应整圈布置。

2 搭设外脚手架之前完成制作。

3 配重台内侧应与沉井或沉箱结构预留足够的距离,且不宜小于 0.3 m。

5.5.3 反力系统可由反力架以及连接体系组成,连接体系下端与抗拔系统、上端与顶进系统的连接应可靠。

5.5.4 反力系统应根据现场施工条件和需求进行选择,其制作应符合下列规定:

1 正顶反力系统的反力架与连接体系合二为一,可采用型钢或钢箱加工组合而成,顶进油缸作用力应直接作用在井体或箱体上,顶进系统工作时顶进油缸向下顶进[图 5.5.4(a)]。

2 反顶反力系统的反力架可采用钢筋混凝土牛腿、钢牛腿或钢梁,连接体系可采用钢杆件或钢绞线,顶进系统工作时顶进油缸作用力应作用在反力架上[图 5.5.4(b)]。

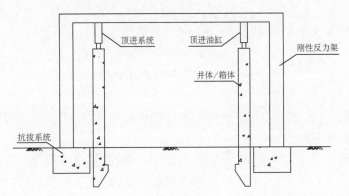

(a) 正顶反力系统

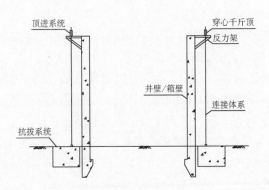

(b) 反顶反力系统

图 5.5.4 反力系统

5.5.5 当采用正顶反力系统时,沉井或沉箱每节现浇制作或预制拼接构件高度宜为 1 m～3 m。

5.5.6 当反顶反力系统反力架采用牛腿形式时,应进行验算并满足沉井或沉箱的强度及稳定性要求。

5.5.7 当反顶反力系统反力架采用钢梁形式时,钢梁应成对布置,钢梁下与井体或箱体之间应设置垫块,避免二者直接接触。

5.5.8 反力系统应满足顶进系统加载以及沉井或沉箱结构的强度和稳定性要求。

5.5.9 顶进系统由千斤顶油缸、动力站以及液压控制系统组成。反顶反力系统宜使用穿心千斤顶油缸。

5.6 水域沉井与沉箱制作

5.6.1 水域沉井与沉箱施工应结合水域环境、施工条件等因素选用筑岛法或浮运法。

5.6.2 筑岛法应根据所在水域的水位、潮位、波浪情况合理设定人工岛顶面高程、护道宽度和防浪墙高度;筑岛区域应满足沉降和防浪冲刷侵蚀的要求。

5.6.3 筑岛法的人工岛地基承载力应满足设计要求,且承载力设计值不应小于 100 kPa;筑岛回填的材料应适合沉井下沉取土工艺,不应选用块石、卵石等材料。

5.6.4 水域沉井与沉箱的制作采用筑岛法施工时,施工场地布置可按本标准第 4.6.6 条的规定执行,沉井与沉箱的垫层及制作应按本标准第 5.2 节～第 5.4 节的规定执行。

5.6.5 浮运沉井与沉箱的制作场地应符合下列规定:

　　1 陆地制作与拼装宜在干坞室内、拼装船平台及造船船台等合适区域。

　　2 浮船上或支架平台上制作与拼装应对船舶或支架平台的承载力与稳定性进行验算。

5.6.6 浮运沉井采用钢壳沉井时,其制作应符合下列规定:

1 钢壳沉井首节可分节分块在工厂制造,每块井箱体应编号。

2 钢壳沉井焊接应满足设计要求,焊接完成后应作水密试验,合格后方可使用。

3 拼装完毕的首节钢壳沉井外形尺寸应与设计相符,拼装后外形偏差应满足相关规范的规定。

4 沉井井箱内可按设计和施工需求填充混凝土,并按预先编制的程序和时间进行浇筑。

5.6.7 水域内浮运沉井和沉箱着床处的下部垫层施工应符合下列规定:

1 施工前应测量水域沉井着床位置处标高,发现有冲刷应及时抛填碎石防护,并找平河床。

2 地质条件不理想的浮运沉井着床处,宜在开挖海床或河床后铺设碎石垫层基础并及时整平。

3 碎石垫层铺设整平可由专业抛填整平船只设备或潜水员水下辅助整平。

6 沉井与沉箱的下沉与封底

6.1 一般规定

6.1.1 沉井与沉箱的下沉与封底方式应根据工程地质、水文地质、周边环境条件等选用。施工前应编制施工方案,施工方案应包括下沉方式及计算(验算)、下沉控制及辅助措施、封底方式、施工监测、安全与职业健康等技术要求。

6.1.2 沉井与沉箱下沉前应根据设计图纸进行定位放线,并建立坐标、水准点等测量系统。

6.1.3 钢筋混凝土沉井与沉箱下沉时的强度要求应符合本标准第5.1.5条的相关规定。

6.1.4 素混凝土垫层应先内后外,分区域对称凿除;凿断线应与刃脚底边平齐;凿除的素混凝土应立即清除,空穴用砂或砂夹碎石回填。素混凝土的定位支点处应最后凿除,不得漏凿。

6.1.5 沉井与沉箱的下沉作业应根据不同的下沉方式选择合适的取土机械设备,土方弃放点应满足设计周边限载要求及相关法规要求。

6.1.6 沉井与沉箱的下沉作业可采用泥浆套、空气幕、压入系统或其他助沉措施。

6.1.7 对于高压缩性的软土层地区的沉井与沉箱下沉应严格控制锅底深度、取土深度,并应做好地下水位监测工作。

6.1.8 当沉井起沉阶段的高宽比小于1.5时,可采用一次下沉的方式,否则应采取措施防止沉井倾覆或采用多次下沉的方式。

6.1.9 沉井下沉可采用排水下沉、不排水下沉,或二者组合的下沉方式。

6.1.10 沉箱下沉前,应配备工地内部的通信联络设备,确保通信畅通。

6.2　沉井排水下沉

6.2.1 沉井采用排水法下沉时,应认真分析工程水文地质资料,进行现场抽水试验,并制定降水方案。排水下沉过程中,应监测周边建(构)筑物和地下管线等变化情况。

6.2.2 排水法下沉时,应根据现场情况选用机械挖土或高压泵冲泥等下沉方法。

6.2.3 沉井下沉挖土时应符合下列规定:

　　1 下沉时应分层、均匀、对称进行挖土作业。

　　2 下沉系数较大时应先挖中间部分,保留刃脚周围土体。

　　3 下沉系数较小时宜采取助沉措施。

6.2.4 应在沉井外壁沿竖向标出刻度尺,并应连续测得沉井下沉深度和倾斜状态。

6.2.5 沉井在下沉到临近设计标高时,应控制高差及下沉速度,下沉深度距设计标高应预留 30 mm～100 mm 的余量。

6.2.6 沉井的助沉应根据地质情况及下沉系数选择泥浆套、空气幕或其他助沉措施。

6.2.7 沉井下沉应及时测量、及时纠偏,且宜采用自动测量系统;初期下沉阶段以及下沉至距设计标高 2 m 时,应提高观测频率。

6.2.8 对邻近河道边的沉井下沉,施工前应探明沉井刃脚底部的地层情况,并采取必要的措施防止沉井起沉后发生倾斜。

6.2.9 沉井下沉过程中的允许偏差应符合表 6.2.9 的规定。

表 6.2.9 沉井下沉过程中的允许偏差

项目	允许偏差及允许值	检查数量		检验方法
沉井四角高差	≤(1.5%~2.0%)L_1，且≤500 mm	下沉阶段	≥2 次/8 h	全站仪
		终沉阶段	1 次/h	
中心平面位移	≤1.5%H_1，且≤300 mm	下沉阶段	≥1 次/8 h	全站仪
		终沉阶段	≥2 次/8 h	

注:L_1为矩形沉井任意两角的距离,或圆形沉井任意两条互相垂直的直径(mm);
H_1为下沉深度(mm),下沉速度较快时适当增加测量频率。

6.3 沉井不排水下沉

6.3.1 沉井不排水下沉适用于流砂严重、渗水量大、地下水无法排除、(微)承压水突涌等地层或大量排水会影响邻近建(构)筑物、地下管线等情况以及环境保护等级要求高的区域。

6.3.2 不排水下沉应根据现场条件选择空气吸泥与潜水员配合或机械抓土与潜水员配合等下沉方法,施工时井内水位不宜低于井外水位。

6.3.3 采用空气吸泥下沉施工应符合下列规定:

1 在黏性土下沉时,应在高压射水冲碎土层后方可进行吸泥。

2 吸泥装置在水下的深度不宜小于 5 m,在初期下沉时可采用机械抓土等方式。

3 吸泥施工时应保持井内外的水位平衡。

4 吸泥施工时应了解排出泥水的浓度和开挖面各部位的深度,及时移动吸泥机。

6.3.4 不排水下沉产生的泥浆宜就地干化,干化产生的泥水宜循环使用;废水排放应达到相应环保要求,干化产生的渣土应按照主管部门的要求弃置。

6.3.5 沉井不排水下沉除满足以上要求外,尚应符合本标准

第6.2.3条～6.2.7条、第6.2.9条的规定。

6.4 沉箱下沉

6.4.1 沉箱下沉施工前应符合下列规定：

1 设备已经安装完成，且架设牢固。

2 沉箱施工前对遥控挖土机械、高压舱、出土设备及测量、监控设备仪器等进行调试。

3 通过底板的管路均已连接且密封。

4 箱壁混凝土已达到设计强度。

6.4.2 沉箱工作室高度应能满足机械操作的要求，且工作室高度不宜低于 2.5m。

6.4.3 沉箱工作室内的气压应符合下列规定：

1 沉箱宜在下沉至地下水位以下 0.5m～1.0m 时开始加气。

2 沉箱在初期下沉时，可根据箱体受力及气压大小设置混凝土支座以承托上部荷载。

3 施工时应维持工作室内气压的稳定，并应根据沉箱外地下水位实时调整气压大小，保持平衡。

4 沉箱在穿越砂性土等渗透性较高土层时，应维持气压略低于地下水位的水压。

6.4.4 施工现场必须配备备用供气设备及备用电源，并确保备用供气设备、备用电源匹配适用。

6.4.5 沉箱施工作业人员从常压进入高压或从高压回到常压必须符合国家卫生安全、职业健康等有关规定。

6.4.6 沉箱挖土和出土应符合下列规定：

1 挖土设备的型号和数量可根据施工区域的土质情况及挖土设备的挖掘范围等综合确定。

2 沉箱出土可根据实际情况选用吊桶法或螺旋出土法施工。

3 挖土设备取土下沉时应先在井格中央形成锅底,逐步均匀向周围扩大,不宜掏挖刃脚踏面处土体,刃脚处应留有一定高度的土塞。

6.4.7 沉箱下沉困难时,应根据实际情况选用泥浆套、压重和压入系统等助沉措施。

6.4.8 沉箱施工时防漏气措施可采用以下方法:

1 沉箱外围设置泥浆套,填充沉箱外壁与周边土体空隙。

2 调整工作室的气压,使其略低于地下水位。

3 刃脚处设置土塞,使其隔绝气体渗漏通道。

6.4.9 沉箱的下沉过程中应及时测量、及时纠偏,其允许偏差应符合表 6.4.9 的规定。

表 6.4.9　沉箱下沉过程中的允许偏差

项目	允许偏差及允许值	检查数量		检验方法
沉箱四角高差	$\leqslant (1.0\%\sim1.5\%)L_1$,且$\leqslant 450$ mm	下沉阶段	$\geqslant 2$ 次/8 h	全站仪
		终沉阶段	1 次/h	
中心位移	$\leqslant 1\%H_1$,且$\leqslant 150$ mm	下沉阶段	$\geqslant 1$ 次/8 h	全站仪
		终沉阶段	$\geqslant 2$ 次/8 h	

注:L_1 为矩形沉箱任意两角的距离,或圆形沉箱任意两条互相垂直的直径(mm);H_1 为下沉深度(mm),下沉速度较快时适当增加测量频率。

6.5　压入式沉井与沉箱下沉

6.5.1 压入式沉井与沉箱下沉施工前应符合下列规定:

1 所有设备安装完成,并确保在下沉过程中架设牢固。

2 压入式沉井与沉箱下沉施工前应对顶进系统、传感器及测量仪器等进行调试。

3 井(箱)壁混凝土应达到设计强度要求。

6.5.2 当采用反顶反力系统时,应在下沉前对每根钢绞线或钢杆件实施预张拉,张拉力应统一且不小于 20 kN。

6.5.3 压入式沉井下沉宜采用不排水下沉工艺,应根据工程地质和水文地质资料制定合理施工控制参数。

6.5.4 压入式沉井与沉箱下沉应符合下列规定:

    1 挖土应围绕结构实体由中心向周边,分层、均匀、对称进行。

    2 顶进系统在取土过程中应按照需要反复启动,并使连接体系处于受拉状态。

6.5.5 下沉初始阶段压入系统宜以控制下沉姿态为主。

6.5.6 反顶反力系统中的钢绞线或钢杆件发生松弛影响压沉时,应重新张拉。

6.5.7 下沉纠偏宜采取局部加大顶进压力的措施,并通过挖土纠偏及减阻纠偏进行辅助。

6.5.8 采用空气幕减阻措施时,应控制开启频率及时间;若井内发生漏气,应暂停使用。

6.5.9 沉井与沉箱接高或终沉前应根据实际情况采用设定的压沉力将沉井与沉箱压入,随后拆除相关设备并进行维护。

6.5.10 根据抗浮需要,宜在完成封底及侧壁注入水泥浆后再拆除相关压入设备。

6.5.11 对于直径大于 3.5 m 的钢沉井宜采用压入系统下沉,其要求应符合本节相关规定;对于直径不大于 3.5 m 的钢沉井应采用机械下沉,当采用摇管机下沉时应符合下列规定:

    1 施工前应开挖工作坑,查明工作坑周边 4 倍下沉深度范围内的地下管线情况。

    2 钢沉井摇管下沉前,摇管机中心应与井位中心对齐。

    3 钢沉井宜先摇管至设计标高后再进行地基加固及土体开挖,取土结束并将井内渗水抽干后应立即进行封底。

6.5.12 压入式沉井与沉箱采用预制结构施工时,压入系统宜采用预制结构,在施工中应对预制节点的拼装和防水质量进行控制,确保结构受力可靠和良好的止水性能。

6.6 水域沉井与沉箱浮运及下沉

6.6.1 水域作业时,沉井与沉箱必须对浮运、就位和灌水着床时的稳定性进行验算。

6.6.2 沉井与沉箱浮运前的施工准备应符合下列规定:

1 对所经水域和就位河床进行探查,清理浮运的水下障碍物,清除就位处河床浮泥并整平。

2 河床场地整平后应在水中铺设垫层,满足沉井着床及接高的地基承载力要求。

3 检查船只、拖运、定位、导向、锚碇、潜水、起吊及排(灌)水等相关设备设施,确保使用的安全可靠性。

4 浮运时应掌握水文、气象和航运情况,施工前应与海事和航道部门联系,办理有关水上施工的手续。

5 施工区域附近应设置导航标志,备有导航船。

6.6.3 沉井与沉箱的浮运应符合下列规定:

1 水域沉井与沉箱浮运施工前,应对浮运的首节井(箱)体进行水密性检查及水压试验。

2 首节浮运应根据现场情况选用滑道、起吊、涨水自浮、浮船等下水方法。

3 浮运定位应采用钢锚碇结合锚系导向定位系统。

4 江河中浮运、下沉、着床宜选在枯水期,且在水流速度小于 2 m/s 时进行作业;海中实施浮运、下沉及就位应结合所在海域的潮位、水流、波浪、风向等因素确定施工时间。

5 浮运壅水围壁高度应高出施工期最高水位 1.0 m 以上。

6.6.4 浮运沉井与浮运沉箱的就位与下沉应符合下列规定:

1 浮运沉井与浮运沉箱的就位可采用定位锚船法、缆绳定位法。

2 布置锚锭体系时,应使各锚绳受力均匀,锚绳规格和长度宜相同;同时就位着床时需注意水位涨落对锚锭体系的影响。

3 浮运沉井与浮运沉箱准确定位着床后,应及时向井(箱)壁、井(箱)格内对称、均匀地灌水、灌筑混凝土或压重。

4 就位与下沉过程中应测量浮运沉井与浮运沉箱的高程、平面位置、垂直度、扭转等状况。

5 在沉井与沉箱浮运、下沉的任何时间内,露出水面的高度均不应小于 1 m,并应考虑预留防浪高度或设置防浪措施。

6 浮运沉井与浮运沉箱的接高制作与下沉应符合本标准第 5.6 节的相关规定。

6.6.5 浮运沉井与浮运沉箱的防冲刷应符合下列规定:

1 浮运沉井与浮运沉箱下沉过程中应加强对附近河床冲刷情况的观察,发现问题及时向井(箱)壁四周抛压沙袋或块石。

2 沉井着床后应采取措施使其尽快下沉,并加强对沉井上游侧冲刷情况的观测和沉井平面位置及偏斜的检查,发现问题时立即采取措施并予以调整。

3 水中特大沉井施工宜在沉井施工前进行河床防冲刷数学模型或水工模型模拟分析计算,并制定着床及下沉措施。

6.6.6 浮运沉井与浮运沉箱周边应设置防撞措施,必要时安排巡逻艇巡视,严防船舶及漂流物等撞击。

6.6.7 浮运沉井与浮运沉箱在浮运、就位及下沉过程中,沉井和沉箱上应设置防撞警示灯,并满足海事和航标管理部门的要求,防止夜间船舶碰撞沉井与沉箱事故发生。

6.7 助沉与纠偏

6.7.1 下沉困难时,应采取合理助沉措施。助沉措施可选择下列一种或多种方法:

1 触变泥浆套助沉。

2 空气幕助沉。

3 射水助沉。

4 井壁侧挖土或破土助沉。

5 压重助沉。

6.7.2 沉井或沉箱注浆孔、气幕孔等助沉措施应在外井壁等距设置。

6.7.3 触变泥浆隔离层的厚度宜为 150 mm～200 mm。根据沉井下沉时通过的不同土层,其物理力学指标要求可按表 6.7.3 选用。

表 6.7.3 触变泥浆的物理力学性能指标

指标	砂	粉质黏土	黏土
密度(g/cm³)	1.20～1.25	1.10～1.20	1.10～1.15
黏度(s)	30～40	22～30	20～25
pH 值	≥8	≥8	≥8
含砂率(%)	<4	≤3	≤4

6.7.4 采用触变泥浆套助沉及纠偏施工时,应符合下列规定:

1 井外壁应做成台阶形,台阶宽度宜为 100 mm～200 mm。

2 在沉井下沉到设计标高后,泥浆套应按设计要求处理,宜采用水泥浆、水泥砂浆或其他固结材料来置换触变泥浆。

6.7.5 采用空气幕助沉及纠偏施工时,应符合下列规定:

1 空气幕压力值宜取最深喷气孔处理论水压力的 1.6 倍,每个气龛的供气量宜为 0.023 m³/min,施工前应设置空压机和储气包,在刃脚外踏面处应设置密封装置。

2 压气顺序应自上而下进行,关气时则应自下而上进行。

3 气龛的形状宜为倒梯形,喷气孔的直径宜为 1 mm～3 mm,且 1.5 m～3 m 范围内宜设置 2 个喷气孔,刃脚以上 3 m 内不宜设置喷气孔。

4 空气幕助沉时间应根据实际情况确定,并不宜超过 2 h。

6.7.6 采用桩基压沉时,应符合下列规定:

1 开始下沉前,助沉系统应安装到位,并检查连接的可靠性。

2 反压桩的抗拔力应满足助沉压力的要求。

6.7.7 采用压重法助沉时,应均匀对称加重。堆载应确保下沉施工的空间及作业人员的安全。

6.7.8 下沉过程易发生倾斜、水平位移及旋转等偏差,纠偏前应认真分析产生偏转倾斜的原因。

6.7.9 下沉过程中应进行井体及箱体位置、倾斜及受力状况等的监测工作;特殊工况时,应提高监测频率。

6.7.10 沉井下沉过程中的允许偏差应符合本标准表 6.2.9 的规定;沉箱下沉过程中的允许偏差应符合本标准表 6.4.9 的规定。

6.7.11 当沉井与沉箱偏差达到本标准表 6.2.9 和表 6.4.9 中最大允许值的 1/4 时,应立即纠偏。

6.7.12 沉井与沉箱纠偏应勤测勤纠,并宜采用小角度纠偏,避免纠偏幅度过大。

6.7.13 沉井与沉箱在下沉过程中发生倾斜偏转时,可选用下列一种或几种方法进行纠偏:

1 井内挖土纠偏。

2 降低局部侧壁摩阻力纠偏。

3 增加堆载或偏心压重纠偏。

4 地锚＋牵引系统纠偏。

5 千斤顶顶推系统纠偏。

6 井外单侧挖土纠偏。

7 对角线两脚除、填土纠偏。

8 先倾后直法纠偏。

6.8 封 底

6.8.1 沉井与沉箱下沉至设计标高后,应在封底前8h内每小时测1次沉降量,8h的累计自沉量不应大于10 mm方可进行封底。沉井可根据现场实际情况和抗浮等要求选择干封底或水下封底。

6.8.2 沉井采用干封底施工时应符合下列规定:

    1 沉井基底土面应全部挖至设计标高,混凝土凿毛处应洗刷干净。

    2 在井内应设置集水井,并不间断抽除积水与排气,井内积水应排干,集水井应在底板混凝土达到设计强度及满足抗浮要求后进行封闭。

    3 封底应分格对称进行。

    4 封底混凝土强度等级达到设计要求后方可停止降水。

6.8.3 沉井采用水下封底时应符合下列规定:

    1 基底为软土层时应清除井底浮泥,修整锅底,铺填碎石垫层。

    2 封底混凝土与井壁结合处应洗刷干净。

    3 水下封底混凝土应在沉井全部底面积上连续浇筑。直径或宽度不大于10 m的沉井宜一次浇筑,直径或宽度大于10 m的沉井宜分仓浇筑。

    4 水下封底混凝土在使用多根导管浇筑时,每根导管的停歇时间不宜超过15 min~20 min。

    5 水下封底混凝土达到设计强度后,方可抽除沉井内的水。抽水时不宜多泵急抽。

6.8.4 沉箱封底混凝土浇筑应符合下列规定:

    1 混凝土导管应进行气密性试验,并应在导管上设置闸门。

    2 封底浇筑顺序应从刃脚处向中间对称浇筑。

    3 在封底混凝土浇筑的过程中应维持工作室内气压的稳定。

6.8.5 沉箱封底混凝土达到设计强度后方可停止供气,封底后再进行底板预留孔的封堵。

6.8.6 沉箱封底混凝土应采用自密实混凝土,且应保持混凝土浇筑的连续性,封底结束后应通过底板处预埋注浆管按要求注入水泥浆。

7 质量控制与验收

7.1 一般规定

7.1.1 沉井与沉箱的主体结构应组织质量验收,其主控项目应包含下列内容:

   1 混凝土沉井与沉箱的原材料质量或钢沉井与沉箱板材质量。

   2 混凝土沉井与沉箱井壁、底板、沉箱顶板的钢筋安装及连接。

   3 混凝土强度和抗渗等级。

   4 钢沉井与沉箱板材的拼装及焊接质量。

   5 终沉后刃脚平均标高。

   6 终沉后刃脚中心线平面位移。

   7 终沉后顶平面任意两点的最大高差。

7.1.2 沉井与沉箱制作使用的钢筋、电焊条、钢筋机械连接接头、混凝土的质量保证资料应齐全,并应符合现行国家有关标准的规定和设计要求。

7.1.3 沉井与沉箱工程混凝土结构的质量验收应符合现行国家标准《建筑地基基础工程施工质量验收标准》GB 50202、《混凝土结构工程施工质量验收规范》GB 50204 及《地下防水工程质量验收规范》GB 50208 的规定。

7.1.4 钢沉井与沉箱制作质量控制与验收应符合现行国家标准《钢结构工程施工质量验收标准》GB 50205 的规定。

7.1.5 沉井与沉箱混凝土浇筑前,应对模板的位置、尺寸和密封性以及钢筋、预埋件、预留洞口的位置进行检查及验收。

7.1.6 沉井与沉箱拆模后应进行混凝土的外观质量检查,符合要求且混凝土强度和抗渗检测合格后方可下沉。浮运沉井或沉箱应进行起浮可能性检查。

7.1.7 沉井与沉箱下沉过程中应对下沉偏差进行检验。

7.2 沉井与沉箱制作

7.2.1 砂垫层的施工质量应符合现行国家标准《建筑地基基础工程施工质量验收标准》GB 50202 的规定,并应符合下列规定:

1 砂垫层应做颗粒级配试验,每个单体工程不应少于 1 组。

2 砂垫层每层的压实系数应达到设计要求;设计无特殊要求时,压实系数应达到 0.93。

3 压实系数的检验点应按照铺筑的层数进行分层布设,按环边铺设时每 10 m 不应少于 1 个点;满堂铺设时每 50 m² 不应少于 1 个点,且每个单体工程不应少于 3 个点。

4 压实系数可采用钢钎贯入度法检验。

5 砂垫层厚度不应小于设计厚度,每 50 m² 应布设检验点不少于 1 个,且每个单体工程不应少于 4 个点。

7.2.2 混凝土垫层的施工质量检验应符合现行国家标准《混凝土结构工程施工质量验收规范》GB 50204 的规定,并应符合下列规定:

1 混凝土强度试件不得少于 1 组。

2 混凝土表面不得有严重缺陷,表面平整度不应大于 5 mm。

3 位置和尺寸偏差的检查数量,每边不应少于 1 处,且每个单体工程不应少于 3 处。

7.2.3 沉井与沉箱结构制作的允许偏差应符合表 7.2.3 的规定。

表 7.2.3 沉井与沉箱结构制作允许偏差

序号	检查项目	允许偏差或允许值	检查数量		检验方法
			范围	点数	
1	长度(mm)	$\pm0.5\%L_2$ 且$\leqslant100$	每边	2	尺量
2	宽度(mm)	$\pm0.5\%B_2$ 且$\leqslant50$	每边	2	尺量
3	高度(mm)	±30	每边	3	尺量
			圆形沉井或沉箱不少于4点		
4	直径(圆形沉井或沉箱)(mm)	$\pm0.5\%D_1$ 且$\leqslant100$	每节	2(互相垂直)	尺量
5	对角线(mm)	$\pm0.5\%$线长 且$\leqslant100$	2		尺量(两端、中间各取1点)
6	井壁、隔墙厚度(mm)	±15	每边	3	尺量
			圆形沉井或沉箱不少于4点		
7	井壁、隔墙垂直度(mm)	$\leqslant0.1\%H_2$	每边	2	经纬仪或线垂测量
			圆形沉井或沉箱不少于4点		
8	预埋件中心线位置(mm)	±20	每件	1	尺量
9	预留孔(洞)位移(mm)	±20	每件		尺量
			每孔(洞)	1	

注：1 L_2 为设计沉井与沉箱的长度(mm)；B_2 为设计沉井与沉箱的宽度(mm)；D_1 为设计沉井与沉箱的直径(mm)；H_2 为设计沉井与沉箱井壁、隔墙的高度(mm)。

2 检查中心线位置时，应沿纵、横两个方向测量，并取其中的较大值。

3 圆形沉井与沉箱对角线指互相垂直的两条直径。

7.2.4 水域沉井与沉箱结构制作的允许偏差应符合表 7.2.4 的规定。

表 7.2.4 水域沉井、沉箱结构制作允许偏差

序号	检查项目		允许偏差或允许值	检查数量		检验方法
				范围	点数	
1	长度(mm)		$\pm0.5\%L_2$ 且$\leqslant120$	每边	2	尺量
2	宽度(mm)		$\pm0.5\%B_2$ 且$\leqslant120$	每边	2	尺量
3	直径(圆形沉井或沉箱)(mm)		$\pm1\%D_1$ 且$\leqslant120$	每节	2(互相垂直)	尺量
4	对角线(mm)		$\pm1\%$线长 且$\leqslant180$	2		尺量(两端、中间各取1点)
5	井壁厚度(mm)	混凝土	$+40$ -30	每边	3	尺量
		钢壳和钢筋混凝土	±15	圆形沉井或沉箱不少于4点		
6	沉井或沉箱刃脚高程(mm)		符合设计要求	每个	4	尺量
7	最大倾斜度(纵、横向)(mm)		$0.1\%H_2$	每边	1	经纬仪或线垂测量
				圆形沉井或沉箱不少于4点		
8	中心偏位(纵、横向)(mm)	就地制作下沉	$1\%\ H_2$	每边	1	尺量
		水中下沉	$1\%\ H_2$	每边	1	
9	平面扭转角(°)	就地制作下沉	1	每角	1	经纬仪或线垂测量
		水中下沉	2	每角	1	

注:1 L_2 为设计水域沉井与沉箱长度(mm);B_2 为设计水域沉井与沉箱宽度 (mm);D_1 为设计水域沉井与沉箱的直径(mm);H_2 为设计水域沉井与 沉箱的高度(mm)。

2 对于钢沉井与沉箱及结构构造、拼装等方面有特殊要求的沉井与沉箱,其 平面尺寸允许偏差值应按照设计要求确定。

3 井(箱)壁的表面应平滑、不外凸,且不得倾斜。

4 圆形沉井与沉箱对角线指互相垂直的两条直径。

7.3 沉井与沉箱终沉与封底

7.3.1 沉井终沉后的允许偏差应符合表 7.3.1 的规定。

表 7.3.1 沉井终沉后允许偏差

序号	检查项目		允许偏差或允许值	检查数量		检验方法
				范围	点数	
1	刃脚平均标高(mm)		± 100	每座	4	水准仪测量
2	刃脚中心线平面位移(mm)	$H_3 \geq 10$ m	$<1\%H_3$	每边	1	经纬仪测量
		$H_3 < 10$ m	100	每边	1	经纬仪测量
3	四角中任意两角高差(mm)	$L_1 \geq 10$ m	$<1\%L_1$ 且≤ 300	每角	2	水准仪测量
		$L_1 < 10$ m	100	每角	2	水准仪测量

注:H_3 为下沉总深度(mm),系指下沉前后刃脚之高差;L_1 为矩形沉井任意两角的距离,或圆形沉井任意两条互相垂直的直径(mm)。

7.3.2 沉箱终沉后的允许偏差应符合表 7.3.2 的规定。

表 7.3.2 沉箱终沉后允许偏差

序号	检查项目		允许偏差或允许值	检查数量		检验方法
				范围	点数	
1	刃脚平均标高(mm)		± 50	每座	4	水准仪测量
2	刃脚中心线平面位移(mm)	$H_3 \geq 10$ m	$<0.5\%H_3$	每边	1	经纬仪测量
		$H_3 < 10$ m	50	每边	1	经纬仪测量
3	四角中任意两角高差(mm)	$L_1 \geq 10$ m	$<0.5\%L_1$ 且≤ 150	每角	2	水准仪测量
		$L_1 < 10$ m	50	每角	2	水准仪测量

注:H_3 为下沉总深度(mm),系指下沉前后刃脚之高差;L_1 为矩形沉箱任意两角的距离,或圆形沉箱任意两条互相垂直的直径。

7.3.3 压入式沉井与沉箱终沉后的允许偏差应符合表 7.3.3 的规定。

表 7.3.3 压入式沉井与沉箱终沉后允许偏差

序号	检查项目		允许偏差或允许值	检查数量		检验方法
				范围	点数	
1	刃脚平均标高(mm)		±70	每座	4	水准仪测量
2	刃脚中心线平面位移(mm)	$H_3 \geqslant 10$ m	$<0.7\% H_3$	每边	1	经纬仪测量
		$H_3 < 10$ m	70	每边	1	经纬仪测量
3	四角中任意两角高差(mm)	$L_1 \geqslant 10$ m	$<0.7\% L_1$ 且$\leqslant 200$	每角	2	水准仪测量
		$L_1 < 10$ m	70	每角	2	水准仪测量

注:H_3 为下沉总深度(mm),系指下沉前后刃脚之高差;L_1 为矩形沉箱任意两角的距离,或圆形沉箱任意两条互相垂直的直径。

7.3.4 水域沉井与沉箱终沉后的允许偏差应符合表 7.3.4 的规定。

表 7.3.4 水域沉井与沉箱终沉后允许偏差

序号	检查项目		允许偏差或允许值	检查数量		检验方法
				范围	点数	
1	刃脚平均标高(mm)		150 mm	每座	4	水准仪测量
2	中心偏位(纵、横向)(mm)	就地制作下沉	$<1\% H_2$	每边	1	经纬仪测量
		水中下沉	$<1\% H_2$ 且$\leqslant 250$	每边	1	经纬仪测量
3	最大倾斜度(纵、横向)(mm)		符合设计要求	每边	1	经纬仪或线垂测量
4	平面扭转角(°)	就地制作下沉	1	每角	1	经纬仪或线垂测量
		水中下沉	2	每角	1	经纬仪或线垂测量

注:H_2 为设计水域沉井与沉箱的高度(mm)。

7.3.5 沉井与沉箱封底前应检查锅底标高,标高应符合设计文件的规定。

7.3.6 封底混凝土强度和厚度应满足设计要求,其施工质量检验应符合现行国家标准《混凝土结构工程施工质量验收规范》GB 50204 的规定。

7.3.7 封底结束后,应对底板与井壁接缝防水进行检验,防水标准应符合现行国家标准《地下防水工程质量验收规范》GB 50208 的规定。

8 环境监测

8.1 一般规定

8.1.1 沉井与沉箱施工前，应根据周边环境编制监测方案，施工过程中，应对周边环境安全进行有效监测。

8.1.2 沉井与沉箱监测宜按现行上海市工程建设规范《基坑工程施工监测规程》DG/TJ 08—2001 和《基坑工程技术标准》DG/TJ 08—61 执行。工程保护监测范围应根据环境保护要求确定，宜为沉井与沉箱边线外 2 倍～4 倍的沉井、沉箱下沉深度，并应符合工程保护范围的规定，或按工程设计要求确定。

8.1.3 沉井与沉箱监测项目应根据结构特点、施工工艺、地质条件、环境保护等级等确定，可根据表 8.1.3 进行选择。

表 8.1.3　沉井与沉箱环境监测项目

监测项目	项目选择	监测项目	项目选择
建(构)筑物沉降、裂缝	√	建筑物倾斜	◇
地表土体沉降	√	土体水平位移(测斜)	◇
地下管线位移	√	土体分层沉降	◇
地下水位	√	孔隙水压力	◇

注：√为应测项目；◇为选测项目，可按设计要求选择。

8.1.4 监测单位编写监测方案前，应了解委托方和相关单位对监测工作的要求，并进行现场踏勘，搜集、分析和利用已有资料。沉井与沉箱施工前应根据沉井与沉箱工程特点、环境保护和监测技术要求编制监测方案。监测方案应包括下列内容：

1 沉井与沉箱工程概况。

2 场地工程地质条件、水文地质条件及周边环境状况。

3 监测目的及监测依据。

4 工程监测等级。

5 工程潜在风险与对应监测措施。

6 监测项目、测点布置、监测方法及精度。

7 监测人员组成和主要仪器设备。

8 监测频率、监测数据的记录、处理与反馈制度。

9 各监测项目的预警值及异常情况下的监测措施。

8.1.5 当沉井与沉箱邻近重要建(构)筑物和管线、历史文物、近代优秀建筑、地铁、隧道、城市生命线工程或附近存在有特殊要求的仪器设备时,应按相关管理部门的要求增加监测项目。

8.1.6 沉井与沉箱位置距河流水系的距离较近时,应增加地下水位监测,并应对防汛墙和大堤进行沉降监测。防汛墙和大堤的沉降监测点设置应得到相关部门的确认。

8.1.7 监测单位应严格实施监测方案,及时分析、处理监测数据,并应将监测结果和评价及时通知委托方及相关单位。

8.1.8 监测仪器应在校验的有效期内,并应定期检查和保养,仪器性能应完好。

8.1.9 监测点的布置应由沉井与沉箱工程环境保护要求、周边邻近建(构)筑物性质、地下管线现状、沉井与沉箱的类型及形状、位置以及挖土方案、施工进度等因素综合确定。

8.1.10 监测数据应能反映沉井与沉箱和周边被监测对象的受力、变形的变化趋势,同时为设计和施工提供正确的数据和分析意见。

8.1.11 监测点应严格按经审批的监测方案布置,埋设成活率应满足工程监测需要;重要监测点损坏后应及时修复或重布,施工过程中应做好监测点的保护工作,必要时设置监测点的保护装置或保护措施。

8.2 监测与预警

8.2.1 沉井与沉箱工作坑开挖前 7 d 应完成监测项目初始值测

定,并应取 2 次~3 次观测平均值作为该监测项目初始值。工程监测的现场记录内容应真实、规范,并妥善保管。

8.2.2 周边环境监测点布置应根据沉井与沉箱工程监测等级、周边临近建(构)筑物性质、地下管线现状等确定,宜按现行上海市工程建设规范《基坑工程施工监测规程》DG/TJ 08—2001 中对环境保护的要求执行。

8.2.3 监测频率宜根据工程性质、施工工况及环境保护等级按表 8.2.3 的规定执行;若监测项目的日变化量较大,应适当加密。

表 8.2.3 周边环境监测频率

下沉工况	监测频率
下沉前	至少测 3 次初值
下沉过程	1 次/d;如监测数据超过预警值,应 2 次/d
结构接高过程	1 次/1 d
封底过程	1 次/d;如监测数据超过预警值,应 2 次/d
封底结束后 7 d~30 d	1 次/3 d
后期 30 d~60 d	1 次/15 d

8.2.4 周边环境监测项目的预警值应根据监测对象的主管部门要求进行确定;当无明确要求时,可参考表 8.2.4 的规定。

表 8.2.4 周边环境监控预警值

	监测对象			报警值		备注
				变化速率 (mm/d)	累计值 (mm)	
1	地下水水位变化			500	1 000	
2	地下管线位移	刚性管线	压力	1~3	10~20	宜采用直接观察点数据
			非压力	3~5	10~30	
		柔性管线		3~5	10~40	
3	邻近建(构)筑物			1~3	10~30	
4	裂缝宽度	建(构)筑物		持续发展	1.5~3.0	
		地表		持续发展	10~15	

注:建(构)筑物整体倾斜度累计值达到 2/1000 或倾斜速度连续 3 d 大于 0.0001H_4/d(H_4 为承重结构高度)时应报警。

8.2.5 沉井与沉箱施工过程中应加强对周边的巡视,当出现下列情况之一时,应立即通报各相关单位,协商处理,同时应提高监测频率:

    1 监测数据达到预警值;

    2 监测数据变化较大或速率加快;

    3 存在勘察未发现的不良工程地质现象;

    4 沉井与沉箱附近地面荷载突变或超过设计限值;

    5 周边地面突发较大沉降或出现严重开裂;

    6 邻近建(构)筑物突发较大沉降、不均匀沉降或出现严重开裂。

8.3 监测资料

8.3.1 监测资料包括现场监测记录和技术成果文件,其中现场监测记录包括外业观测记录、现场巡检记录、视频及仪器电子数据资料等,监测技术成果文件包括监测方案、监测日报表(速报)、监测中间报告(阶段报告)和最终监测报告(总结报告)。

8.3.2 监测技术成果文件的内容应符合现行上海市工程建设规范《基坑工程施工监测规程》DG/TJ 08—2001 的有关规定。

8.3.3 监测数据的处理与信息反馈宜采用专门的数据处理与管理软件,实现监测数据采集、处理、分析、查询和管理的一体化以及监测成果的可视化。

8.3.4 监测结束后应编写完整的监测报告,其包括下列内容:

    1 工程概况。

    2 监测依据。

    3 监测项目。

    4 测点布置。

    5 监测设备和监测方法。

6 监测频率与监测预警值。

7 监测项目全过程的发展变化分析及整体评述。

8 监测工作结论与建议。

9 施工安全与环境保护

9.1 一般规定

9.1.1 施工过程中的安全和环境保护应符合现行行业标准《建筑施工安全检查标准》JGJ 59、《建筑施工现场环境与卫生标准》JGJ 146 及现行上海市工程建设规范《文明施工标准》DG/TJ 08—2102 的有关规定。

9.1.2 施工机械的使用应符合现行行业标准《建筑机械使用安全技术规程》JGJ 33 的规定。

9.1.3 施工临时用电应符合现行行业标准《施工现场临时用电安全技术规定》JGJ 46 的规定,对沉箱工程应配备备用电源。

9.1.4 对危险性较大的分部分项工程,施工单位应在施工前编制专项方案,对于超过一定规模的危险性较大的分部分项工程,应按现行相关规定组织专家对专项方案进行论证。

9.1.5 施工单位应在施工组织设计中编制应急预案,对可能出现的险情拟定对策和预案,并在现场备好应急抢险材料。

9.1.6 施工单位应在施工组织设计中编制关于控制噪声、扬尘、强眩光、污水及其他污染物排放的专项措施,将对周边居民和环境的影响降到最低。

9.2 施工安全

9.2.1 沉井内宜安装智能视频监控系统,并宜采取信息化机械作业方式施工,尽量避免人工直接在开挖面作业。

9.2.2 排水施工作业人员如需在井下作业,应有相应防护措施。

底梁或刃脚下不得进行人工掏土。

9.2.3 采用不排水方式下沉及水下封底作业时,潜水员应具备相应的专业资质,并配备完好的救生设备,其工作程序应严格按照作业方案规定执行。

9.2.4 沉井与沉箱施工应符合受限空间作业规定,加强对地下不明气体的检查,避免有害气体对操作人员造成伤害。必须做到"先通风、再检测、后作业",施工前制定应急措施,现场配备应急装备,严禁在无监视监测的情况下作业。

9.2.5 井内供作业人员上下的爬梯应设置护栏和护圈。外侧爬梯与地面之间应留有一定的距离,以防止沉井或沉箱突沉之后爬梯的上拱。

9.2.6 各类垂直运输机械的安装及拆卸应由具备相应资质的专业人员进行,其工作程序应严格按照作业方案执行。

9.2.7 大型设备在井壁周边作业时,应有专人监护,并与井壁保持一定的安全距离,防止井壁周边土体下沉带来危险。

9.2.8 沉井与沉箱施工时各种脚手架应根据施工的要求选择合理的构架形式,并制定搭设、拆除作业的程序和安全措施,施工时外排脚手架应与模板脱开。

9.2.9 模板及支架的安装和拆除应按施工方案进行,其承载力、刚度和稳定性应满足新浇筑混凝土自重、侧压力、施工荷载及风荷载要求。对于超过一定规模的模板支撑体系,应进行风力监测。

9.3 环境保护

9.3.1 开工前应了解施工场地周边可能受影响的建筑物、构筑物、地下管线、地下设施等情况,并制定相应的保护措施。

9.3.2 为保护周边环境而采取加固隔离措施时,应分析隔离措施可能对后续沉井或沉箱施工的影响。

9.3.3 工程实施阶段,应对需保护的对象定期进行监测,出现异常变形或变形超过设计预警值时应暂停施工,查明原因,采取相应措施或调整施工方案。

9.3.4 施工现场应采用封闭围挡,当施工作业点距离居民住宅、医院、学校等敏感建筑物较近时,宜增高围挡或在围挡上设置隔声屏障等,围挡及隔声屏障设置应符合现行相关标准的规定。

9.3.5 施工现场出入口处应设置冲洗设施、污水池和排水沟,由专人对进出车辆进行清洗保洁。

9.3.6 施工现场应设置排水系统。施工产生的施工废水应经过沉淀过滤达到国家排放标准后方可排入公用市政排水管网。排水系统严禁与泥浆系统串联,严禁向排水系统排放泥浆。

9.3.7 施工过程中产生的废土、渣土应集中堆放,及时清理,渣土弃置应满足相关法规要求,并得到当地主管部门的同意。场地内临时堆放的渣土应选择在不影响施工安全和操作的区域,底面应硬化处理,周边应有矮墙围挡,上有遮挡。废土外运车辆应密封,车辆及车胎应保持干净,防止污染道路。

9.3.8 施工现场强光照明灯应配有防眩光罩,照明光束应俯射施工作业面。进行电焊作业时,应采取有效的弧光遮蔽措施。

本标准用词说明

1　为了便于在执行本标准条文时区别对待,对于要求严格程度不同的用词说明如下:

　　1）表示很严格,非这样做不可的用词:

　　　　正面词采用"必须";

　　　　反面词采用"严禁"。

　　2）表示严格,在正常情况下均应这样做的用词:

　　　　正面词采用"应";

　　　　反面词采用"不应"或"不得"。

　　3）表示允许稍有选择,在条件允许时首先应这样做的用词:

　　　　正面词采用"宜";

　　　　反面词采用"不宜"。

　　4）表示有选择,在一定条件下可以这样做的用词,采用"可"。

2　条文中指明应按其他有关标准、规范执行的,写法为:"应按……执行"或"应符合……的规定(或要求)"。

引用标准名录

1 《混凝土结构设计规范》GB 50010

2 《土工试验方法标准》GB/T 50123

3 《建筑地基基础工程施工质量验收标准》GB 50202

4 《混凝土结构工程施工质量验收规范》GB 50204

5 《钢结构工程施工质量验收标准》GB 50205

6 《地下防水工程质量验收规范》GB 50208

7 《钢结构工程施工规范》GB 50755

8 《沉井与气压沉箱施工规范》GB/T 51130

9 《建筑机械使用安全技术规程》JGJ 33

10 《施工现场临时用电安全技术规定》JGJ 46

11 《建筑施工安全检查标准》JGJ 59

12 《建筑施工现场环境与卫生标准》JGJ 146

13 《公路桥涵施工技术规范》JTG/T 3650

14 《地基基础设计标准》DGJ 08—11

15 《基坑工程技术标准》DG/TJ 08—61

16 《钻孔灌注桩施工标准》DG/TJ 08—202

17 《基坑工程施工监测规程》DG/TJ 08—2001

18 《文明施工标准》DG/TJ 08—2102

本标准上一版编制单位及人员信息

DG/TJ 08—2084—2011

主 编 单 位：上海市基础工程有限公司
参 编 单 位：上海交通大学
主要起草人：李耀良　袁　芬　王建华　朱建明　刘鸿鸣
　　　　　　周香莲　邓前锋　陈锦剑　王　涛　王理想
　　　　　　余振栋　张云海　李伟强　邱晓明　黄秋亮
　　　　　　漏家俊　张哲彬　罗云峰
主要审查人：桂业琨　范庆国　顾倩燕　潘延平　葛金科
　　　　　　葛春晖　杨国祥　吴君候

上海市工程建设规范

沉井与沉箱施工技术标准

DG/TJ 08—2084—2023
J 11875—2023

条文说明

2024 上海

目 次

Contents

1 总　则

1.0.1　沉井与沉箱工程在上海地区使用已相当广泛,浦东新区—长兴岛过江燃气管道长兴岛南过江工作井采用压沉沉井工艺,北横通道新建一期工程商丘路始发井采用钢板压沉沉井,其施工技术不断更新,但目前对沉井与沉箱的压沉工艺尚无统一的指导和明确的质量目标,因此对本标准的更新是非常迫切及需要的。

1.0.4　本标准根据现行国家标准《建筑结构可靠性设计统一标准》GB 50068、《工程结构可靠性设计统一标准》GB 50153 的规定制定。术语和符号采用现行国家标准《工程结构设计通用符号标准》GB/T 50132 和《工程结构设计基本术语标准》GB/T 50083 的规定。

3 基本规定

3.0.1 随着城市地下空间的不断开发,需要在密集的建筑群中施工的情况越来越多,对在施工中如何确保邻近地下管线和建(构)筑物的安全提出了越来越高的要求。沉井施工对环境的影响较大,而相对来说,沉箱的施工较沉井施工给周边环境带来的影响小,压入式沉井、沉箱适用于周边环境要求较高或对承压水控制有要求的环境。可以根据周边环境条件确定采用沉井还是沉箱。

3.0.2 为保证沉井与沉箱顺利下沉,对钻孔应有特殊的要求,本条根据面积大小以及工程的特殊性给出了一些钻孔要求。如下沉区域遇有软弱下卧层,应对其深度和范围进行探明,如下沉遇承压水突涌的问题,勘探孔深度宜取高值,并钻探到承压水层及其下部土层;压入式沉井与沉箱采用钻孔灌注桩作为抗拔系统时,勘探孔深度应满足钻孔灌注桩的设计要求。若不满足要求可进行补勘,以利于制定沉井下沉方案。

3.0.3 本条规定了施工组织设计时需要计算和验算的内容,目的是保证沉井与沉箱安全、顺利地下沉,合理地选择下沉工艺和助沉措施。

3.0.4 本条规定了在沉井与沉箱施工前应完成的工作,需要进行现场调查研究,掌握施工区域内气象和岩土工程勘察情况,调查邻近建(构)筑物、地下管线、古河道、孤石、沼气、不良地质、地下障碍物等不利因素的相关资料,同时要完成施工组织设计和现场的准备工作。

岩土工程勘察报告应提供沉井与沉箱设计与施工所需要的物理力学技术参数,如天然地基土的极限承载力、压入式沉井与沉箱工艺所需的桩侧极限摩阻力、抗拔系数、(微)承压水头的实测高度以及最不利高度;对于水域沉井与沉箱,需要提供混凝土与其下土层间的摩擦系数等,必要时进行专门的水文地质勘察。邻近建(构)筑物需要调查建(构)筑物的基础形式、埋深以及建(构)筑物现状等资料;管线要调查其材质、埋深、运行状态等资料;河道水域需要调查其断面尺寸、通航情况、底部淤积状况等资料;铁路需要调查运行时间、运行速度、铁路基础形式及保护要求等资料。

施工现场准备工作的主要内容是施工场地的障碍物处理及"三通一平"。"三通一平"指水通、电通、道路通及场地平整。

施工组织设计是拟建工程项目进行施工准备和正常施工的全面性技术经济文件,是编制施工预算、实行项目管理的依据。

施工组织设计主要内容包括:①工程概况;②主要工序施工工艺;③施工总进度计划;④劳动力与主要物资资源的需要量计划;⑤施工总平面图;⑥分阶段施工平面布置图;⑦交通组织;⑧施工计量;⑨质量安全技术措施;⑩文明标化管理;⑪施工应急预案。

3.0.6 在水域环境施工沉井与沉箱时,应根据工程特点进行水文资料的搜集工作,相关的资料应能满足工程的需要。

3.0.7 原材料进场时虽然有合格证书,进场后应根据国家的有关规定按照一定数量抽检,试件的报告达到要求后方可在工程上使用。

3.0.8 沉箱作业人员属于特殊工种,应具备相应的特种人员上岗证。在以前的沉箱施工案例中,沉箱作业人员需要在一定的气压下作业,容易患沉箱病。随着技术的革新,远程遥控沉箱施工技术采用地面遥控系统控制挖掘机及工作室气压,采用自动排土系统将开挖土体由沉箱底部排放到地面,采用信息化系统实时显示沉箱开挖状况、下沉信息以及各种监测信息,并对数据进行分析,反馈指导施工。采用机械化、信息化、智能化的施工技术后,已经不需要沉箱作业人员频繁进入高压工作室内,避免了对作业人员身体健康造成不利影响。

3.0.9 常用的地基处理措施有换填和砂桩复合地基,不宜采用水泥系的加固措施,刃脚和底梁下部若采用水泥系加固,需严格控制其标高,否则容易形成地下障碍物,阻碍沉井下沉。

3.0.10 内外排落地脚手架搭设时不应与沉井和沉箱的井壁制作时的模板连接,避免由于沉井与沉箱在制作时混凝土浇筑等荷载引起沉井下沉造成脚手架倾斜甚至坍塌。

3.0.11 一般沉井在下沉到距离设计标高 2 m 时,应控制挖土速率及下沉速度。沉井下沉深度应有一定的预留量,防止超沉。必要时进行注水以增加沉井自身浮力,或灌砂以增加沉井下沉摩阻力等。

4 计算与验算

4.1 一般规定

4.1.1 沉井与沉箱下沉挖土一般先挖成"锅底"状,然后再挖靠近刃脚旁的泥土,锅底形状如图 1 所示。

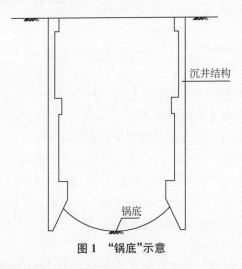

沉井结构

锅底

图 1 "锅底"示意

4.1.2 根据沉箱的施工工艺,需在计算、验算时额外考虑气压浮托力作用。

4.1.3 沉井与沉箱分节制作时,上下节井(箱)壁混凝土的收缩不一致,常采取 1 倍井(箱)壁厚范围内增加水平钢筋的构造措施。

4.1.4 沉井与沉箱的第一节制作对沉井与沉箱的下沉非常重要,包含刃脚、隔墙等制作。为了保证制作的质量,第一节的制作荷载不应大于地基的承载力设计值,此后各节只制作井壁,承载力要求较第一节低,达到地基的极限承载力标准值即可。

4.1.5 钢沉井宜采用圆形井身,以充分发挥拱效应,下沉过程中应确保垂直度;当发生倾斜时,井身处于偏压受力状态,因此钢沉井应按等压和偏压工况对井身强度和刚度进行复核。另外,从基坑角度而言,钢沉井插入比一般较小,渗流稳定性、倾覆稳定性、坑底隆起稳定性的安全系数较小,应采取必要的施工措施。如采用降水来提高抗渗流稳定性,通过提高沉井的整体强度和刚度来提高抗倾覆稳定性,通过沉井刃脚分仓、限制沉井整体平面尺寸或地基土体加固等来提高坑底隆起稳定性。

4.2 混凝土垫层及砂垫层

4.2.1 本条给出了砂垫层的计算公式,若计算结果小于 600 mm,取 600 mm。沉井与沉箱首节荷载主要为井(箱)体的自重,为确保首节稳定性,应控制首节制作高度。同时,在刃脚下设置混凝土垫层可以加大支承面积,并通过砂垫层进一步将压力扩散至地基土,使应力小于地基土的承载力设计值,确保首节的稳定性。砂的天然容重按现行国家标准《建筑结构荷载规范》GB 50009 取用;砂的压力扩散角与砂的等级匹配,一般采用中粗砂,其压力扩散角取 $20°\sim30°$。

4.2.2 压力扩散角为基底压力扩散线与垂直线的夹角,这个扩散角度大小与基础材料的弹性模量、持力层的压缩模量、持力层土的内摩擦角有关。砂垫层密实度的质量标准用砂的干密度来控制,中砂宜取 15.6 kN/m^3~16 kN/m^3,粗砂可适当提高。

4.2.3 本条给出了素混凝土垫层厚度的取值范围,应根据现场土层及沉井或沉箱大小综合确定。素混凝土垫层的厚度不宜太薄或过厚,太薄可能会因为刃脚的压力较大而压碎,太厚会造成沉井与沉箱下沉时凿除混凝土的困难。

4.3 摩阻力

4.3.1 沉井与沉箱壁外侧与土层间的极限摩阻力一般根据项目的地勘报告取值。本标准所列摩阻力分布是经典传统的,可以根据同一区域内的成功经验进行调整。图 4.3.1(a)主要用于井(箱)壁外侧无台阶的沉井与沉箱。图 4.3.2(b)主要用于井(箱)壁外侧有台阶的沉井与沉箱,井(箱)壁外侧台阶以上的土体与井(箱)壁接触不紧密,摩阻力有所减少。

4.4 下沉计算

4.4.1 根据工程实践经验,一般沉井与沉箱主要依靠结构自重克服摩擦力下沉。在确定下沉系数时,既要尽可能保证依靠自重下沉,又要防止结构自重过大导致超沉、突沉。当下沉系数偏小时,可依次考虑挖除底梁、隔墙或刃脚下土体,满足下沉要求。当计算有可能突沉时,可按接高稳定时采取的措施使用。

4.4.2 沉井与沉箱在接高时,井(箱)体混凝土自重增大,导致刃脚踏面的压力加大。如果踏面下土体承载力小于踏面压力,将会发生突沉。因此,接高施工前应进行接高稳定性验算,如接高稳定性不满足要求时,应根据计算结果采取井内留土、灌砂等增加侧壁摩阻力的措施,或井内灌水增大结构浮力的措施,以确保接高制作时的稳定性。

4.5 压入式沉井与沉箱

4.5.1 压入式沉井与沉箱主要通过对沉井与沉箱施加足够的下压力,在适当取土的同时,将沉井与沉箱压入土体中。该下压力足以消除土层对其产生的种种不利影响,即能够主导沉井与沉箱的下沉。压入式沉井与沉箱施工工法不但实现了在软土地区沉井施工的快速精准下沉,而且可以有效降低对环境的影响,是对传统沉井与沉箱工法的工艺创新。其常用的压入系统如图2所示,承台及地锚即为抗拔系统,反力装置及锚索即为反力系统,穿心千斤顶即为顶进系统。

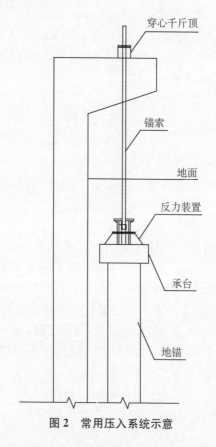

图 2　常用压入系统示意

4.5.3　当压入式沉井的压沉深度较小,隔墙和底梁未被压入土中时,应扣除隔墙和底梁下地基土提供的反力。压入式沉井与沉箱下沉系数不小于 1.05,且压入式沉井与沉箱可通过动态调整压

沉力 F_p 来控制沉井下沉的状态。

4.5.4 单桩极限抗拔承载力 R_k 宜采用静载荷试验确定,若未进行桩的竖向抗拔静载荷试验,R_k 才按本标准公式(4.5.4)估算。上海地区土质较软,沉井下沉过程中周边土体受到扰动,灌注桩的侧摩阻力容易损失,抗拔桩宜优先采用扩底灌注桩。

4.5.5 抗拔系统中抗拔桩和配重台应均匀布置在沉井与沉箱四周,应保证抗拔系统和反力系统的形心基本重合,且与沉井下沉阻力的荷载中心一致,确保抗拔系统与沉井和沉箱受力均匀。

4.5.6 压入式沉井与沉箱应根据下沉过程中最大下沉阻力与自重的差值估算所需施加的最大压沉力,并根据所需最大压沉力进行压沉系统的设计。

4.5.7 根据《岩土工程学报》2019 年 7 月发表的《狭窄基坑条件下基于普朗德尔地基极限承载力公式的隆起稳定性研究》中的研究成果,压入式沉井土塞临界高度可通过抗隆起稳定系数 K_b 确定(图 3),其计算应符合式(1)的规定:

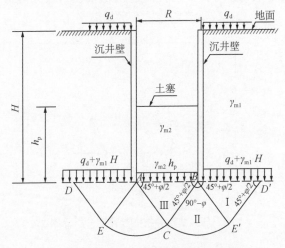

图 3　压入式沉井抗隆起稳定分析简图

$$\frac{p_k}{\gamma_{m1}H + q_d} = K_b \tag{1}$$

式中：K_b ——抗隆起稳定系数，宜取不小于 1.4；

$\quad\quad \gamma_{m1}$ ——沉井外土体加权有效重度（kN/m³）；

$\quad\quad H$ ——沉井深度（m）；

$\quad\quad q_d$ ——地面荷载（kPa）；

$\quad\quad p_k$ ——井底土体承载力（kPa），可按式(2)计算。

$$p_k = a \times \frac{h_p \gamma_{m2}(1 + \sin\varphi) + 2c\left(\dfrac{\pi}{2} - \varphi + \cos\varphi\right)}{1 - \sin\varphi} \tag{2}$$

式中：h_p ——土塞临界高度（m）；

$\quad\quad \gamma_{m2}$ ——沉井内土体加权有效重度（kN/m³）；

$\quad\quad c$ ——土体黏聚力，取沉井底部土体的黏聚力（kPa）；

$\quad\quad \varphi$ ——土体内摩擦角，取沉井底部土体的内摩擦角（°）；

$\quad\quad a$ ——沉井内土体承载力修正系数，取 3.0。

根据有限元分析得到的抗隆起稳定系数与最大地面沉降的关系曲线（图 4），建议抗隆起稳定系数取值为 1.4。

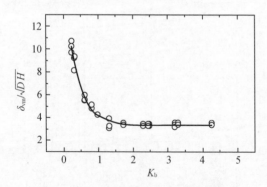

图 4 压入式沉井抗隆起稳定分析简图

4.6 水域沉井与沉箱

4.6.1 在水中浮运的沉井与沉箱,由于风浪的影响,往往会影响到浮运沉井与浮运沉箱的浮运安全,所以,水中浮运的沉井与沉箱在浮运过程中(沉入河床前)必须验算横向稳定性,以避免在水中发生倾覆事故。在进行浮运稳定性验算时,一般是验算浮运沉井与浮运沉箱的稳定倾斜角。浮心是指浮体或潜体水下部分体积的形心;定倾中心是浮心运行轨迹的圆心。

4.6.5 浮运沉箱采用水压载时,压舱水的自由液面对沉箱浮运稳定性有重要影响。在沉箱产生倾斜的情况下,沉箱内的压舱水将改变沉箱的重心位置而使沉箱倾斜的幅度逐渐增大,并且倾斜速度会越来越快直至沉箱彻底倾覆。因此需考虑自由水面对浮运稳定性的影响。

4.6.6 无围堰筑岛是指带边坡的土岛,有围堰筑岛是指在设有钢板桩、钢筋混凝土板桩等防护围堰内的筑岛。由于有围堰边缘比无围堰边缘坚固,所以有围堰护道宽度比无围堰护道宽度规定要小。

4.7 封底混凝土

4.7.1 干封底是在降水状态下进行的,且封底混凝土在达到设计强度之前不得停止降水;封底满足设计要求及底板浇筑施工条件即可。

4.7.2 封底素混凝土厚度计算公式,系按现行国家标准《混凝土结构设计规范》GB 50010 中有关矩形截面素混凝土受弯构件承载力公式推导,再考虑实际施工时混凝土与泥土互相掺杂,综合而得。计算封底混凝土弯矩时一般假定封底混凝土板与刃脚斜面简支连接,如封底混凝土板中有梁系分隔,只要梁边有支承,也可按简支考虑。作用在封底混凝土板上的作用力应为基底的向上净反力,即扣除封底混凝土的自重。

4.7.3 当浇筑面积较大时,可采用2根或2根以上的导管同时浇筑,但各根导管的有效扩散半径应互相搭接并能覆盖井底范围。

为防止导管外的水进入导管,并获得比较平缓的混凝土表面坡度,导管下端应插入混凝土内一定的深度。

4.8 抗浮计算

4.8.1 抗浮稳定验算时不计井(箱)壁外侧土体摩阻力的作用。考虑到摩阻力实际是存在的,故抗浮稳定安全系数下限取1.00是能够保证沉井抗浮稳定要求的。如果沉井较深,尚宜考虑摩阻力。考虑摩阻力的抗浮系数,一般宜取1.15;当井外壁与土之间采用注浆措施时,可取1.05。抗浮稳定验算时外部助沉力可计入沉井或沉箱的自重,在结构施工阶段,仅当抗浮满足要求时才能拆除外部的助沉措施。

5 沉井与沉箱制作

5.1 一般规定

5.1.3 特殊施工环境下,如整个施工场地地势较低时,应在场地四周设排水沟、集水井。

5.1.4 从首节制作的技术性和经济性来说,一般要求制作高度不宜超过 6 m;如果超过 6 m,需要采用较厚的砂垫层、素混凝土垫层,同时尚需对下卧层进行验算。

5.1.7 脚手架的搭设应符合国家现行脚手架相关标准的要求,如现行行业标准《建筑施工扣件式钢管脚手架安全技术规范》JGJ 130,现行国家标准《碗扣式钢管脚手架构件》GB 24911 等,并经验收后方可使用。

5.1.8 预制装配式沉井或沉箱将传统的现场浇筑工艺改为工厂化预制生产,现场直接安装,质量可靠,同时可以施加预应力,不仅能缩短施工工期,还能减小对现场环境的影响,减轻对城市交通的压力,发展前景较好。但目前沉井与沉箱预制拼装技术应用尚不广泛,待技术条件成熟时将对规范进行修编。

5.1.9 止水措施主要有现浇湿接、橡胶止水、涂刷涂料止水等。

5.2 垫层施工

5.2.3 为保证压实度与承载力,砂垫层级配可根据设计要求执行;无要求时可采用天然级配中粗砂,或人工级配的颗粒尺寸为 5 mm~40 mm,且 25 mm~40 mm 含量不少于 50％的中、粗砂。砂垫层宜洒水振捣密实,并应设置滤水盲沟,周边应设置集水井。

5.3 沉井制作

5.3.1 沉井模板施工应符合下列规定：

1 目前在沉井工程中，井壁模板常采用钢组合式定型模板或木定型模板组装而成；采用木模时，外模朝混凝土的一面应刨光。

2 圆形沉井如采用木模时，其外侧易崩裂，需加强加大围檩；而内侧则有越压越紧的问题，要防止模板变形。

3 针对大型的预埋铁件，要有专门的脚手架，不得支在井壁或隔墙上，以免浇筑井体时因振捣混凝土而发生大型洞口预埋件的位移。

4 井体模板与施工用的脚手架应各自独立。

5 模板制作体系中的模板厚度、围檩大小间距、架立杆的尺寸间距等均需要通过施工计算确定。

6 接高制作时，会引起自沉，自沉量根据经验预估，一般为300 mm～500 mm。

5.3.5 分层浇筑时，应在混凝土初凝时间内浇筑完一层，避免出现冷缝。

5.3.7 钢沉井制作应符合下列规定：

1 钢沉井可根据运输和现场堆放条件，分节、分块设置。每块内部须焊接支撑，运输过程中设置托架，保证在吊装和运输过程中不发生变形。

2 加工厂及施工现场都应铺设相同的施工平台，每一节井壁均在平台上拼装焊接，现场焊接完成后应复测井壁尺寸。

3 钢沉井应在焊接位置采用钢板或槽钢进行加强，底部刃脚可设置成坡口或锯齿状，顶部与压沉系统接触处需设置钢牛腿。

5.4 沉箱制作

5.4.1 沉箱的常规制作规定与沉井相同，具体模板、钢筋以及混凝土相关技术内容可以参照沉井制作执行。

5.4.2 由于工作室在施工过程中均处于气压作用下,故工作室的气密性要求非常高,因此沉箱的顶板宜与箱壁、刃脚整浇,保证沉箱工作室的气密性。沉箱不能整浇时也应采取措施满足气密性要求。

5.4.4 沉箱的构造与沉井不同,沉箱的顶板需先浇筑形成,井壁在制作时,内脚手架可以在顶板上搭设。

5.4.6 沉箱需要防止漏气,对混凝土的浇筑质量要求更加严格。沉箱气压工作室内结构存在开洞或留管的部位需要进行结构加固,并需要采取措施防止漏气。

5.5 压入式沉井与沉箱压入系统

5.5.1 沉井与沉箱往往作为盾构或顶管的工作井,抗拔桩不得设置在盾构或顶管进出洞范围内,且应保持足够的距离。抗拔桩桩顶的锚具应锚固至抗拔桩桩顶的承台内,确保受力连接可靠。锚具如图 5 所示。

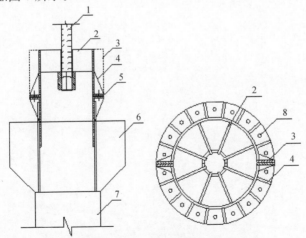

1—反力拉杆;2—筋板;3—哈呋连接板;4—三角筋板;
5—法兰盘连接;6—承台;7—钻孔灌注桩;8—高强螺栓

图 5 反力锚箱构造示意图

5.5.4 当采用钢筋混凝土牛腿作为千斤顶的承压结构时,宜在千斤顶安装位置 1 m×1 m 或 0.8×0.8 m 范围设置 $\delta=20$ mm 钢板。当采用钢杆件作为连接体系时,钢杆件宜为实心直圆外螺纹钢杆,外套大螺母上下旋动,与抗拔系统采取多节连接的方式接长,上下两根拉杆之间采用连接螺母连接。

5.5.9 当采用抗拔桩作为抗拔系统时,桩的中心位置应与穿心千斤顶中心位置重合。

5.6 水域沉井与沉箱制作

5.6.6 浮运钢壳沉井的制作应符合下列规定:

2 钢壳沉井的首节拼装应在船坞或拼装船等平台上进行,将各基本单元井箱拼装焊接成薄壁钢结构浮体。拼接好的钢壳沉井必须在井箱内对称灌水做水密试验,发现漏水应作好记号,放水后铲除漏水处焊缝,重新施焊。

4 为加强沉井钢壳刚度、增加沉井自重,可在钢壳沉井内灌注混凝土。

6 沉井与沉箱的下沉与封底

6.1 一般规定

6.1.2 定位放线工作即在地面上定出沉井与沉箱纵横两个方向的中心轴线、基坑的轮廓线以及水准点等,作为沉井与沉箱下沉的依据。

6.1.4 定位支点应根据计算时的不利受力情况布置,应符合下列规定:

   1 长宽比(L/b)不小于 1.5 的小型矩形沉井,按四点支承计算,定位支点距端部的距离可取 $0.15L$,参见图 6。

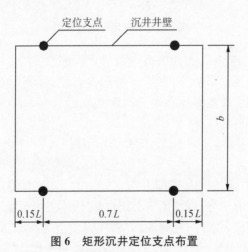

图 6 矩形沉井定位支点布置

   2 长宽比小于 1.5 的小型矩形沉井,定位支点宜在两个方向均按上述原则设置。

3 对于大型矩形沉井,支点的位置可沿周边均匀布置,支点数量可根据沉井尺寸、砂垫层厚度和持力层的极限承载力确定。

4 对于圆形沉井,支点的布置可以采用沿直径的对称布置形式,可参见图7。

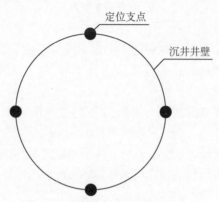

图 7 圆形沉井定位支点布置

6.1.6 沉井与沉箱的助沉措施可采用泥浆套、空气幕、压沉、压重系统或其他助沉措施,在下沉前应检查设备、预埋管道的完好程度。具体可参见本标准第 6.7 节的规定。

6.2 沉井排水下沉

6.2.3 沉井在软土中下沉时,分层挖去井内泥土,并在沉井四周的刃脚处留有土堤,逐步削平刃脚四周土堤,边挖边沉;沉井在较坚实的土层中下沉时,挖锅底,刃脚四周留土堤,再向四周均匀扩挖,最后削去土堤,使其下沉;沉井在坚硬的土层中下沉时,先开挖锅底,后分层掏挖刃脚,使其下沉。如采用干挖,条件许可时,在沉井刃脚设计标高处,提前放置一定数量的混凝土块,使沉井最后坐落在混凝土块上。

6.2.5 通常沉井下沉到距离设计标高 2 m 时,就应放慢下沉速度。为使得沉井结构满足使用时候的要求,沉井的下沉深度应有一定的预留量,这样方可达到使用时候的要求,具体预留量还可根据实际情况进行确定。在接近下沉标高 500 mm 时,在软土地层中可以预留 50 mm～100 mm,在砂土等硬土层中可以预留 30 mm～50 mm。近年来,当沉井下沉至设计标高后的沉井刃脚下土质较差时(如淤泥质黏土),可采用刃脚下土体加固的方法来保证沉井的稳定,不仅仅是依靠预留量来解决。

6.2.6 对于下沉深度较深或侧摩阻力较大的沉井,为了沉井能在土中顺利下沉,可采用触变泥浆套、空气幕、高压射水、压重下沉、抽水下沉、井壁外侧挖土下沉等措施配合施工,使沉井顺利下沉到设计标高。具体可参见 6.7 节。

6.3 沉井不排水下沉

6.3.2 不排水下沉中,应监测和控制水位、井底开挖尺寸、下沉量和速度以稳定井底,防止突沉,控制终沉。挖流砂严重的地层、渗水量大的地层时,应保持井内水位高出井外水位不少于 1 m。当井内水深超过 5 m～10 m 时,可采用空气吸泥法和钻吸法出土下沉沉井,并应在沉井外设置必要的水位观测井。

6.3.3 空气吸泥法是比较常用的不排水下沉法之一,需配备一定数量的潜水作业人员。当空气吸泥装置工作时,压缩空气沿进气管进入空气箱以后,通过内壁上的一排排小孔眼进入混合管,在混合管内与水混合,形成比重小于 1 的气水混合物,与泥土混合通过混合管置换出去。

6.3.4 由于环境要求越来越高,沉井不排水下沉过程排出的泥浆宜经过干化处理,产生的渣土和废水均应满足主管部门关于工程泥浆处理的最新文件要求。在市中心及环境要求较高的区域应采用干化措施。

6.4 沉箱下沉

6.4.1 沉箱下沉不同于沉井下沉,除了完成常规的出土设备安装以外,还需要配备相关的供气设备以及遥控作业等相关设备。

6.4.2 沉箱工作室的高度主要是为了保证工作室内的出土设备能够正常工作。出土设备主要包括遥控挖机、土方水平运输设备、垂直出土设备等,一般高度不宜低于 2.5 m。

6.4.3 根据地下潜水水位、承压水头大小、沉箱入土深度、穿越土质情况等因素综合决定工作室气压的大小。实际沉箱下沉过程中,气压的调节还可根据开挖面土层干燥度等因素来调节,以利于遥控液压挖机挖土施工。气压应与地下水位压力值相差 100 mm~150 mm 的水柱高度,小于 1 kPa。

沉箱用气消耗公式按下式计算:

$$V_1 = k(\alpha F + \beta U)(1 + \frac{H_j}{10.33}) \tag{3}$$

式中: V_1——沉箱用气消耗量(m^3)。

F——工作室顶板及四周刃脚内表面积之和(m^2)。

U——沉箱刃脚中心周长(m)。

α——经过面积 F 每平方米逃逸的空气量(m^3)。此值视混凝土的密实程度而定,对表面未喷防水砂浆的可取 $\alpha = 0.5\ m^2/h \sim 0.6\ m^2/h$,对内表面喷防水砂浆的取 $\alpha = 0.3\ m^2/h \sim 0.35\ m^2/h$。

β——经过刃脚底部四周每延米每小时逃逸的空气量(m^3)。视土质的透气程度而定,对黏土取 $\beta = 1\ m^3/(h \cdot m)$,对砂土取 $\beta = 2\ m^3/(h \cdot m) \sim 3\ m^3/(h \cdot m)$。

k——施工消耗空气量系数,一般取 $k = 1.2 \sim 1.3$。

H_j——沉箱下沉至终沉标高时原静水头高度再加 2 m(m)。

6.4.4 沉箱施工的原理是依靠沉箱内的气压平衡水土压力,在沉箱施工过程中必须有稳定的气压,若停电或供气设备出现故障,可能会造成沉箱突沉、土体失稳、设备损坏等严重的工程事故,因此现场必须配备备用供气设备和备用电源,保证沉箱施工过程的安全。

6.4.5 人员出入塔是保证沉箱作业人员人身安全的重要设施,一般由过渡舱段、气密门舱段、塔身准段接高段、工作平台和预埋舱段组成,而人员过渡舱是人员出入塔的最核心部件。在沉箱施工过程中,作业人员进出气压工作室若不按照健康操作程序进行,将会引起职业病,严重时会危及生命,施工作业人员从常压进入高压和高压回到常压必须符合有关的规定。本条涉及人身安全。

作业人员从常压环境进入高压环境的健康操作程序为:

1 人员塔过渡舱内的主舱有压力时

1)作业人员进入进口闸,关闭进口闸外门。

2)舱内人员检查通信及应急呼叫状态是否良好,舱外操作舱通过电视监控观察舱内人员的工作状态。

3)开始加压,加至与主舱平衡,打开舱外平衡阀,至压力完全平衡。

4)舱内人员打开进口闸内门,即可进入主舱的工作压力环境。

5)此状态一次进入2人,具体根据舱的大小决定。

2 过渡舱内的主舱没有压力时

第一种方法是:

1)作业人员通过进口闸进入主舱,并关闭进口闸内门。

2)舱内人员检查通信及应急呼叫状态是否良好,舱外通过电视监控观察舱内人员的工作状态。

3)开始加压,加至与下部人舱段平衡,舱外工作人员开启主舱与人舱标准段之间的平衡阀。

4）同时舱内作业人员开启主舱底部舱门上的平衡阀,待完全平衡后开启底部舱门。

5）人员即可进入人舱段的压力环境中。

6）此状态下一次进入 2 人,具体根据舱的大小决定。

第二种方法是:

1）作业人员通过进口闸进入主舱,并关闭进口闸内门。

2）舱内人员检查通信及应急呼叫状态是否良好,舱外操作舱通过电视监控观察舱内人员的标准段之间的平衡阀。

3）同时舱内作业人员开启主舱底部舱门上的平衡阀,待完全平衡后开启底部舱门。

4）人员即可进入人舱段的压力环境中。

5）该状态一次可进入 6 人～8 人,具体根据舱的大小决定。

6）人员进入前应先行检测作业环境内的危险有毒气体的情况。

从高压环境回到常压环境的健康操作程序为:

1 作业人员准备回到过渡舱前,舱外工作人员应关闭进口闸内门,并对过渡舱主舱进行加压。

2 将压力加至与下部人舱段平衡后,通知作业人员打开底部舱门上的平衡阀,待舱压完全平衡后,打开舱门。

3 作业人员进入过渡舱主舱内,关闭底部舱门,并通知舱外工作人员开始吸氧,舱外人员应密切注意舱内氧浓度值的变化(氧浓度应严格控制在 25％以下),随时保持通风状态。

4 待压力降至 0.12 MPa 时,可继续吸氧减压,按程序逐步减至常压状态,作业人员出舱;或不停留直接减压出舱,在 5 min 之内必须进入移动舱内,再加压至 0.12 MPa,继续按程序吸氧减压。后者可大大缩短在过渡舱内的停留时间。

6.4.6 挖土设备的数量和型号需要满足沉箱内的挖掘作业,

挖土设备应可挖至刃脚边,具体的数量可以根据沉箱的面积确定。

由于刃脚处为气体最容易逸出的通道,因此遥控液压挖机取土时一般应避免掏挖刃脚处土体,随着沉箱的下沉,刃脚处土体会逐渐被挤压至中间方向,再依靠遥控液压挖机取土即可。但沉箱下沉一定深度后,由于气压反力的影响使沉箱下沉缓慢,这时可适当分层掏挖刃脚土体,但应始终保留刃脚处部分土塞,防止气体外泄。同时沉箱的下沉可依靠助沉措施,如液压油缸压沉等。

6.4.7 沉箱下沉困难时,可根据实际情况采取一种助沉方法或几种助沉方法组合使用。助沉方法及原理如表1所示。

表1 助沉方法及原理

工法名称		原理	适用性能
加载方法	加载荷重	在沉箱顶端堆放重物(各种型钢、预制混凝土块、在沉箱内注水等),从而增加下沉力	1. 在下沉抵抗很大的情况下,仅靠增加上方堆载可能仍无法满足要求,因此需要同时采用其他辅助工法。2. 由于上方堆载妨碍挖土作业,需要反复进行加载与卸载作业导致施工烦琐
	压入	从埋地锚杆获得反力,借助于设置在沉箱顶端的加压桁架,通过液压千斤顶将沉箱压入地基	采用强制性的垂直输入方式,因此倾斜少而且纠正容易。但是,刃脚以下地基是黏质土的情况下,如果压入下沉采用过多导致黏性土地基固结,会导致刃脚反力增大
减小摩擦方法	涂抹特殊表面活性剂	在沉箱外表面涂抹表面活性剂,尽量降低摩擦系数从而降低摩擦抵抗	1. 对于黏性土地基有良好效果,但是对于砂质土/硬质地基通常效果不明显。2. 需要同时采用其他辅助施工方法
	高压空气	事前在沉箱侧壁上分段设置空气喷射孔,通过该喷射孔喷射压缩空气从而降低摩擦抵抗	1. 对于黏性土地基,由于消除了黏聚力而有良好效果;但是对于砂质土地基,空气消散效果较小。2. 对于鹅卵石、漂石地基几乎没有任何效果

工法名称		原理	适用性能
减小摩擦方法	高压水	用高压水取代压缩空气,通过喷射高压水从而降低摩擦抵抗	1. 对于黏性土、粉土的细颗粒土地基效果明显,但是喷射方法的不同对地基有不同程度的扰动。 2. 对于鹅卵石、漂石地基几乎没有任何效果。 3. 一般同时还采用其他辅助施工方法
	泥水注入	通过设置在沉箱侧壁上的孔,向沉箱与侧壁间注入比重重的膨润土等泥水从而降低摩擦抵抗	对砂质土地基效果明显而且对地基的扰动也小。但是在地下水流动的情况下泥水也有可能流出
	振动爆破	通过炸药爆破振动作用施加在沉箱上从而降低摩擦抵抗	1. 如果火药量过多可能会损伤刃脚。 2. 需要注意对周围建(构)筑物的影响
	夹入薄膜	在沉箱外侧和地基之间布置薄钢板或是与地基密切结合的高分子强化薄膜从而降低摩擦抵抗	在施工过程中切断夹入薄膜的情况下,破坏周围摩擦力的平衡从而容易导致沉箱下沉倾斜

6.4.8 沉箱施工中主要是靠气压维持坑外的水土压力,需要防止气体外漏。通过设置泥浆套、刃脚留土塞等可以有效减少气体泄漏。施工前应清除刃脚下石块、混凝土块、木头等地下硬物体面。在进入砂层或杂填土等孔隙率较大的土层时,其气体损失率较高,可以通过减小气压压力来降低漏气量,使得沉箱内的气压压力略低于地下水位即可,防止气体大量泄漏。

6.5 压入式沉井与沉箱下沉

6.5.4 压入式沉井与沉箱下沉原则是"先压沉、后取土",即指先实施压入动作,达到设定顶进系统顶力上限后方可实施挖土。挖土通常采用抓斗、水力吸泥机或水力冲射空气吸泥机等在水下挖土,也可在井内搭设稳固的浮平台,利用各类机械设备完成下部土体的破碎、切削,通过潜水吸砂泵排出井外。

6.5.5 控制下沉姿态为主是指压入过程中应对各个下压点顶进油缸进行行程监测,并对结构压入进尺进行测量,及时调整各个下压点的下压力。

6.5.7 在施加荷载前,对沉井进行一次测量,如偏差在允许范围内,则各千斤顶施加相同的顶力;如各测点的偏差过大,则需通过计算调整各千斤顶的压力,缓慢对沉井进行纠偏作业。压沉过程中可根据每个反力点处压沉效果,区别对应各处挖土量的大小与挖土的快慢。由于沉井下沉的不均匀性,每次下沉均应调整,且每压沉一段距离后,需清土校正后方可继续下沉。

6.6 水域沉井与沉箱浮运及下沉

6.6.1 浮运沉井与沉箱可采用钢筋混凝土薄壁沉井与沉箱、单壁或双壁钢壳沉井与沉箱及带临时井底和带气筒的沉井与沉箱等。浮运沉井与沉箱应验算浮运时沉井与沉箱的入水深度,当沉井与沉箱的实际重力与设计重力不符时,应重新验算沉入水中的深度是否安全可靠。

6.6.2 沉井在浮运前,应对所经水域和沉井位置处河床进行探查,确认水域无障碍物,沉井位置的河床平整。检查拖运、定位、导向、锚锭、潜水、起吊及排(灌)水等相关设备设施,采用起吊下水时,应对起重设备进行检查;在河岸有适合坡度,采用滑道、牵引等方法下水时,应严防倾覆。掌握水文、气象和航运情况,并与有关部门取得联系、配合,必要时宜在浮运及施工沉井过程中进行航道管制。

6.6.3 各类预制浮式沉井在下水、浮运前,应进行水密试验,合格后方可下水;沉井底节还应根据其工作压力进行水压试验,合格后方可下水,可按照现行行业标准《城市桥梁工程施工与质量验收规范》CJJ 2 的相关规定执行。

6.6.4

1 浮运沉井与浮运沉箱的初步溜放定位宜设在井(箱)位上游1倍水深距离处,精确就位落河床前,应对缆绳、锚链、锚碇设备等进行检查和调整,调紧及松放定位锚绳应缓慢、均匀、有序。

2 浮运沉井与浮运沉箱的首节与陆域沉井与沉箱区别较大,其余各节的接高均与陆地上的接高并无较大区别;下沉的方式也可根据陆域施工工艺和出土方式确定,排出的弃土不得随意丢弃或排放至水域内,土方弃置应满足相关法规要求并得到当地主管部门的同意。

6.7 助沉与纠偏

6.7.13 沉井与沉箱在下沉过程中发生倾斜偏转时,可选用下列一种或几种方法来进行纠偏:

1 井内挖土纠偏

沉井在入土较浅时,容易产生倾斜,但也比较容易纠正。纠正倾斜时,如系排水下沉,可在沉井刃脚高的一侧进行人工或机械出土;在刃脚低的一侧应保留较宽的土堤,或适当回填砂石。如系不排水下沉的沉井,一般可在靠近刃脚高的一侧吸泥或抓土,必要时潜水员可配合在刃脚下出土。

2 降低局部侧壁摩阻力纠偏

在井外高的一侧采取触变泥浆套、空气幕、注水、填砂等措施,以减少下沉摩阻力,从而实现高的一侧沉井加快下沉,起到纠偏的作用。

3 增加堆载或偏心压重纠偏

由于弃土堆在沉井一侧,或其他原因造成的沉井两侧有土压力差,沉井产生偏斜。在沉井倾斜低的一侧回填砂或土,并进行夯实,使低的一侧产生的土压力大于沉井高的土压力,亦可起到纠偏的作用。如在沉井高的一侧压重,最好使用钢锭或生铁块,这时沉井高的一侧刃脚下土的应力大于低的一侧刃脚下土的应力,使沉井高的一侧下沉量较大,亦可起到纠正沉井倾斜的作用。

6 井外单侧挖土纠偏

在沉井刃角高的一侧外部地面单侧取土,减少土压力,使其下沉。

7 对角线两脚除、填土纠偏

在沉井的两对角偏除土,在另外两对角偏填土,借助刃脚下土压力不相等所形成的扭矩,使沉井在下沉过程中逐步被纠正位置。

8 先倾后直法纠偏

当沉井中心线与设计中心线不重合,发生位移时,可先在一侧挖土,使沉井倾斜,然后均匀挖土,使沉井沿着倾斜方向下沉到沉井底面中心线接近设计中心线的位置时,再在对侧除土,使井恢复竖直,如此反复进行,使得沉井逐步接近设计中心线。

6.8 封 底

6.8.1 当沉井下沉至设计标高,基本稳定以后,经测量,8 h 内沉降量不大于 10 mm,即可进行沉井的封底工作。

6.8.2 沉井采用干封底施工时,沉井内应设置集水井(泄水孔),集水井的数量宜根据土层及沉井面积综合确定,一般不小于2口。

6.8.4 本条给出沉箱封底混凝土浇筑施工过程中的规定:

沉箱封底在浇筑混凝土的过程中应加强工作室内气压的测量工作,使其保持稳定。混凝土的浇筑使得工作室的空间减少,加上可能产生的漏气,若经测量,气压有变化,应进行加气或排气,保证工作室内气压的稳定,不至于产生沉箱上浮或下沉等问题。混凝土浇筑的速度应与气压值的增减相匹配,浇筑时可根据现场情况和浇筑速度进行设定,以保证工作室内气压的稳定。

6.8.6 封底前工作人员先行进入工作室拆除设备,后直接进行封底混凝土浇筑。施工中应利用多辆泵车连续浇筑,并保证能够充填整个工作室,浇筑混凝土应具有较大的流动性。工作室顶板底与封底混凝土之间的空隙应采用水泥浆充填。

7 质量控制与验收

7.1 一般规定

7.1.1 按现行国家标准《建筑地基基础工程施工质量验收标准》GB 50202 的规定,对沉井、沉箱质量验收的主控项目作了规定。

7.1.2 沉井、沉箱作为地下永久结构时,其原材料还应满足耐久性要求。

7.1.5 沉井、沉箱制作的模板、钢筋施工需按现行国家标准《混凝土结构工程施工质量验收规范》GB 50204 的规定进行质量验收。

7.1.7 下沉过程中的偏差情况,虽然不作为验收依据,但是偏差太大会影响终沉标高。尤其在刚开始下沉时,应严格控制偏差在本标准规定的允许范围内,否则终沉标高不易控制在要求范围内。下沉过程中的控制,一般可控制四个角,当发生过大的纠偏动作后,要注意检查中心线的偏移。

7.2 沉井与沉箱制作

7.2.1 本条对砂垫层的施工质量验收作了规定。

    1 提高砂垫层的压实系数,可采用边洒水边用平板振捣器振实的方法。

    2 钢钎贯入度法是现场测定砂基础压实系数的常用方法,试验原理是将一定规格尺寸的钢筋在规定的高度自由垂直下落,测量其插入砂面的深度,根据其贯入深度确定填砂的密实度,从而对施工质量进行验收。符合质量控制要求的贯入度值应根据砂样品种通过试验确定,可按现行上海市工程建设规范《地基处理技术规范》DG/TJ 08—40 执行。

3 砂垫层厚度可按本标准第 4.2 节的相关公式进行验算。

7.2.2 对混凝土垫层的施工质量验收作了规定。混凝土垫层的厚度可按照本标准第 4.2 节的相关公式进行验算。

7.3 沉井与沉箱终沉与封底

7.3.7 封底结束后,底板与井墙交接处常发生渗水(所有的接缝)。上海地区地下水丰富,混凝土底板未达到一定强度时,还可能发生地下水穿孔,造成渗水。渗漏验收要求可参照现行国家标准《地下防水工程质量验收规范》GB 50208。防水检验不合格的接缝,其处理方案应经设计单位确认。

8 环境监测

8.1 一般规定

8.1.3 建(构)筑物监测内容为建(构)筑物沉降、裂缝及倾斜;地下管线监测内容为管线位移,包括了垂直位移和水平位移;地表监测内容为地表土体沉降及裂缝。

8.2 监测与预警

8.2.2 目前主要有相关管理部门的下列规定:

《上海市城市道路管理条例》。

《上海市轨道交通管理条例》。

《上海市原水引水管渠保护办法》(沪府令〔2023〕6号)。

8.2.4 临近地下管线沉降与位移监测:地下管道根据其材料性能和接头构造可分为刚性管道和柔性管道。其中刚性压力管道对差异沉降较敏感,接头处是薄弱环节,是监测的重点,在测点布置时应优先考虑;无明确要求时,地下综合管廊的监测可参考邻近建(构)筑物的要求执行。

8.3 监测资料

8.3.4 中间报告和最终报告应标识主要工程负责人、审核人、审定人、企业负责人以及单位名称等,并应加盖企业公章。

9 施工安全与环境保护

9.1 一般规定

9.1.4 根据现行上海市工程建设规范《危险性较大的分部分项工程安全管理规范》DGJ 08—2077 的相关规定，沉井与沉箱施工过程中涉及的模板工程、脚手架工程、起重吊装及起重机械安装拆卸工程、水下作业等都有可能属于危大工程范围，对属于范围内的分部分项工程应按相关规定要求编制专项施工方案。对超过一定规模的危大工程，还应按《危险性较大的分部分项工程安全管理规定》（住房和城乡建设部令〔2018〕第 37 号）规定及上海市现行的危大工程专家论证管理办法的相关要求进行论证。

9.3 环境保护

9.3.2 根据以往工程案例经验，采用加固隔离措施对周边环境进行保护时，隔离措施施工不当反而成为后续沉井或沉箱施工中的障碍，因此增加本条规定。

ISBN 978-7-5765-1054-6

定价：35.00 元

上海市工程建设规范

DG/TJ 08-2305-2019
J 14947-2019

防汛墙工程设计标准

Design specifications for floodwall

2019-12-05　发布　　　　　2020-05-01　实施

上海市住房和城乡建设管理委员会　发布